ネットショッピングと消費行動のパラダイム

ネットショッピングの
達人になるための72か条

菅原　良

大学教育出版

まえがき

　わたしは，日本でネットオークションが始まって間もない頃，このオークションで一冊の本を落札しました．その頃には，すでに絶版となっていた本で，何年も何年も探していた喉から手が出るほど欲しかった書物でした．代金を振り込んで，何日か後に手元に届いたその書物は，古書だというのになんと綺麗でしっかりしていたことか，前の所有者の方がきちんと丁寧に保管していたことがわかり，嬉しくて，それから何日もの間，嬉々としていたことを今でも思い出します．

　わたしが，ネットオークションにハマッた理由は，オークションで得ることができた，この大きな喜びにありました．やがて，自分でもちょくちょくネットオークションに商品を出品するようになり，その頃に，あるネットショッピングモールを運営する会社の営業の方に声をかけていただき，その会社の運営するショッピングモールにお店を持たせていただくことになりました．とは言うものの，開店当初は，ネットショッピングを利用しているユーザーの皆さんが何を望んでいるのか，何を欲しがっているのかといったことや，そのネットショッピングサイトで何がよく売れるのかもわからず，何よりも第一に，問屋さんとのコネクションがありませんでした．ショップは開いたものの，苦悶が続く毎日で，この頃

のわたしは，寝る間も惜しんで，ネットショップで売り上げを上げるためにはどうしたらよいかということを考えに考えていました．そして，大時化の荒海の中に，わたしのネットショップが滑り出していくことになったのです．ネットショップを開店させてから1年は，まったく売り上げも上がらず，ショップを訪れてくれるユーザーの方も微々たるものでした．その後，試行錯誤を繰り返し，開店から3年が経つ頃には，そのネットショッピングモールの中では有名なショップになっていたのです．

　本書は，わたしがネットショップを運営してきた中で垣間見た，賢いネットショッピングをするための方法や裏技を余すことなく，この本を手にとってくれた皆さんへお伝えしようと思い書き上げたものです．

　皆さんの中には，すでに，ネットショッピングの達人の域に入っている方もおられるかもしれません．そのような達人の方には，もしかすると，物足りない内容になっているかもしれませんが，これからネットショッピングの達人になろうとしている方には，大いに参考になる内容がたくさん散りばめられているのではないかと思います．数多くの同様の書物のなかから，本書を手にとっていただいた方が，ネットショッピングの達人になられることを願ってやみません．

2006年1月

菅原　良

ネットショッピングと消費行動のパラダイム
―ネットショッピングの達人になるための72か条―

目　次

まえがき　*i*

第1章　ネットショッピングの達人になるための心構え　*1*

1. 読者のみなさんへ　*1*
2. ネットショップで買い物をしよう　*3*
3. ネットショッピングは宝の山　*4*
4. どのサイトで買うと安全か　*5*
5. ネットショップの価格はユーザーが決める　*6*
6. ショッピングサイトの特徴を知る　*7*
7. 支払い総額のからくり　*8*
8. 怪しいネットショップだと思ったら　*9*
9. ネットショッピングが安いとは言い切れない　*10*
10. 得する商品を見極める　*12*
11. ショップが売らざるを得ない商品を買う　*13*
12. ネットショッピングはクーリングオフの対象外　*14*
13. モラルとマナーを守った利用をする　*15*

第2章　家電製品・AV機器，コンピュータ機器購入の達人になる　*16*

14. ネットショップで家電製品やAV機器を買う前に　*16*
15. 購入する前にメーカーサイトで性能の確認をする　*17*
16. 家電量販店で実物の確認と店員さんの話を聞く　*18*
17. 在庫処分品は超割安　*19*

18. 量販店専用の型番の在庫処分品はもっと割安　*20*

19. 季節はずれの"季節もの"製品を購入する　*21*

20. (実例) 空気清浄機の場合　*22*

21. (実例) エアコンの場合　*23*

22. (実例) 家具調こたつの場合　*25*

23. 少しの機能の違いで大きな価格差が生じる　*26*

24. 二流・三流メーカーの製品を購入する　*27*

25. 日本のメーカーの製品を買うのが最良の選択　*28*

26. 粗悪な外国製品に注意する　*29*

27. メーカー希望小売価格に騙されるな　*31*

28. 型落ちの製品を狙う　*32*

29. 性能と価格は比例しない　*33*

30. アマゾンでも家電やAVが買えること知っていましたか？　*34*

31. 意外に大きい送料負担　*36*

32. 家電・AV機器をネットショッピングで購入するときの極意　*37*

第3章　食品購入の達人になる　*39*

33. ネットショッピングで最も恩恵を受けたのは産直のお店　*39*

34. 美味しそうな産直品を探してみる　*40*

35. B級産直品はお買い得　*41*

36. B級生鮮食品も要チェック　*42*

37. 大量販売を要チェック（その1）　*43*

38. 大量販売を要チェック（その2）　*44*

39. すべての産直品が美味しいわけではない　*45*

40. どうしても我慢できないときは　*47*

41. それでも我慢できないときは　*48*

42. 健康食品の誘惑　*49*

43. なぜ健康食品はあっという間に新製品が出るのか　*50*

44. ネットショッピングで売られている健康食品は効くのか　*51*

45. 日用雑貨もネットショッピングがお得　*52*

46. 日用雑貨も大量買いがお得　*53*

第4章　買い方の工夫をする　*55*

47. 共同購入を利用する　*55*

48. オークションを利用する　*56*

49. Y社のオークションとR社のオークションの違い　*57*

50. 安く落札したいならY社のオークションを狙え　*59*

51. 平日の昼間に終わるオークションを狙え　*60*

52. 休日の深夜から早朝に終わるオークションを狙え　*61*

53. みんなが参加できる時間帯しか参加できない　*62*

54. 安く落札するなら○社のサイトはいつでも狙い目　*63*

55. ネットショップにもバーゲンがある　*64*

56. ネットショッピングにもプレバーゲンがある　*65*

57. メールマガジンを購読する　*66*

58. ネットショップのプレゼント企画は要チェック　*67*

59. 人気のTVショッピング商品はネットショップで買え　*69*

60. ネットショップで買えないものはない　*70*

61. 価格交渉をしよう　*71*

62. 転売で大もうけの超裏技　*72*

63. お買い得商品は夜中に売り出される　*74*

64. プレミアム商品をネットで探そう　*75*

65. 探しものを探してもらうサイトがあるのを知っていますか　*76*

66. 古本で稼いだ実例の紹介　*77*

67. 古本はネットで探す　*78*

第5章　いよいよあなたもネットショッピングの達人　*80*

68. ネットショッピングはもう古い　*80*

69. ネットオークションでは儲からない　*80*

70. ネットショップを開くには最低1,000万円の自己資金　*81*

71. ネットショップはやがて淘汰される　*83*

72. すでにあなたはネットショッピングの達人です　*84*

＜用語の説明＞　*86*

＜参考WEBサイト＞　*88*

あとがき　*89*

第 1 章

ネットショッピングの達人になるための心構え

1. 読者の皆さんへ

今では，知らない人はいないくらい，ネットショッピングやネットオークションは，わたしたちの身近なものになっています．しかし，ネットショッピングやネットオークションは，登場してから，まだ10年も経ってはいないのです．わたしは，幸運にもその萌芽期から，ネットショッピングモールに自分の店を開業し，運営を行うことができました．開店当初は，ネットショッピングやネットオークションが登場した直後で，混乱が大きく，ユーザー側のみならずショップ側においても，モラルの一片もないような状態で，お互いに疑心暗鬼の中で取引を行っていたのではないかと思います．

しかし，最近では，「ネットショッピングを利用するならここのサイトで……」，「ネットオークションを利用するならここのサイトで……」といったように，ユーザーの意識が固まってきたように感じられます．少しネットショッピングやネットオークションに詳しい方なら，Y社とR社，そしてD社などのサイトが，"安心なサイト"として，すぐに

頭に浮かんでくるのではないでしょうか．

　わたしは，ネットショップの運営に関わりながら，その裏側をつぶさに観察してきました．ですから，ネットショッピングやネットオークションの仕組みや，そこで何を買ったら得なのか，何を買ったら損なのかということがよくわかります．昨今，ネット詐欺などの影響から，ネット取引の暗部ばかりが強調されているように思いますが，利用の方法を間違えなければ，ネットショッピングやネットオークションは，ユーザーに大きな利益をもたらしてくれるのは事実です．本書で，ネットショッピングやネットオークションの賢い使い方を習得して，ネットショッピングとネットオークションをおおいに楽しんでいただけたら，これに勝る喜びはありません．

　最後に，本書で使っている用語でわかりづらい言葉の説明を若干させていただきますが，「ショップ」とは，ネットショッピングモールに開店されている"ネットショップ"を言います．「ユーザー」とは，購入する側，消費者，利用者，を言います．また，「実際に店舗を持つショップ」とは，"実店舗を持つ店"を言います．"ネットショップ"が，ネット上に開設されたバーチャルな店舗とするならば，"実際に店舗を持つショップ"が，商店街などに存在するリアルな店舗であると思っていただきたいと思います．

2. ネットショップで買い物をしよう

　ネットショッピングが，買い物の方法のひとつとして広く知られてきた最近でさえ，「ネットショップで買い物なんてとんでもない．もし，買った商品が送られて来なかったら……なんてことを考えると恐怖が先走ってそんなことできない」という声をよく聞きます．テレビや新聞などで，ネット詐欺の話題が毎日のように取り上げられていますから，そのように思われるのも仕方のないことなのかもしれません．

　でも，それは，商品を販売する側も同じ気持ちなのです．「商品は送ったものの代金は振り込んでくれるのだろうか」，「商品に難癖をつけられたらどうしよう」などなど，売る側の悩みも，買う側の悩みと同様に深いことを認識しておくことは，ネットショッピングを円滑に進める意味において大切なことなのです．ネットショッピングで買い物をする場合には，売る側と買う側が，相手を思いやる気持ちが非常に重要になってくるのではないかと思います．お互いの顔が見えないからこそ，この気持ちは，一層重要な意味を持ちます．例えば，ネットショッピングでは，購入の申し込みから，商品の引渡しまでのやりとりがメールで行われる場合が多いのですが，ユーザーは，"客は偉い"という態度が見え見えのメールを送ったのでは，ショップからの信頼はいっぺんに崩れてしまいます．逆もまた然りで，

ショップ側も，対面の接客以上に，慎重できちんとした対応をしなければならないのは当然のことです．

ネットショッピングを楽しむためには，いつもよりちょっとだけ真摯な気持ちを持ち，ユーザーとショップの互いの信頼関係を築いて，ネットショッピングを楽しんでみましょう．

3. ネットショッピングは宝の山

ネットショッピングには，挙げることができないほど多くの魅力がありますが，中でも3つの大きな魅力があるのではないかと思います．

第一に，家庭用電化製品やAV機器，コンピュータなどを，実店舗を持つ"超激安"量販店の店頭販売価格の70〜30％程度の価格で購入することができるということです．量販店の価格と比べて10％程度しか安くないならば，ネットショッピングでは"高い"と思ってまず間違いありません．あなたの探している商品を，もっと安く買うことができるネットショップが必ずあります．あなたの持っているネットショッピングに関する知識と技術を最大限に利用して探してみてください．あなたの思っていた以上に，簡単に探し出すことができるものです．

第二に，産地直送の新鮮な食料品をいつでも買うことができるということです．例えば，北海道の港で，今朝水揚げさ

れたばかりのカニが，翌日の午前中には手元に届くということを想像してみてください．ネットショッピングが普及したからこそ受けることのできる恩恵だと思いませんか．

　第三に，昔欲しかったけれど買えなかったものが，レアもののコレクターグッズなどとして手に入る可能性が高いということです．「昔は買えなかったけれど，今なら買える！」という人にはもってこいですよね．

4. どのサイトで買うと安全か

　ネットショッピングが普及するようになって，5年あまりが経とうとしています．ネットショップが雨後の竹の子のようにでき始めたときは，悪質業者が山ほどネットショップを開いていましたが，現在は，法律の整備がなされてきており，また，ネットショッピングモールを開いている運営会社の出店に際しての審査基準も非常に厳しくなってきているので，きちんとした有名なネットショッピングサイトに入っているショップは，信頼のできるショップであると思ってもよいでしょう．

　有名なネットショッピングサイトであればあるほど，出店しているショップには，高い品質基準を保つことが要求されますし，ユーザーとのトラブルが発生すると，それが些細なものであったとしても，ショップ側の言い分など聞いてもくれずに，即退店というショッピングサイトもあります．

このように考えますと，ネットショッピングは，Y社とR社が運営しているショッピングモールに出店しているショップであれば，まずトラブルに巻き込まれる可能性はない，と思っていただいてもよいのではないかと思います．くれぐれも，販売価格に惑わされず，きちんとしたショッピングモールでショッピングされることをおすすめいたします．

5. ネットショップの価格はユーザーが決める

商品の価格は，商品を販売する側と，対価を支払って商品を購入する側が，商品の価値を相互に共有することができる均衡点で決まります．ですから，商品を販売する側は，販売価格の安い水準では売らなければよいし，購入する側は，商品の価格が高いと思えば買わなければよいということになります．

しかし，よく考えてみてください．あなたが欲しい商品を売っているショップが，あなたの行動範囲の中にいくつありますか．あなたが都会の住人ならば，数え切れないくらい山ほどのショップが身の回りにあるかもしれませんが，あなたが田舎の住人ならば，事はそう簡単ではありません．あなたの行くことができるショップが限られているのが常ですから，その中で最も安い価格で販売しているショップで買うのがせいぜいではないでしょうか．たとえ，その価格が全国的に見た場合に高い価格であったとしても……です．このことから，

実際に店舗を持つショップでは，ショップ側が優位な立場で販売価格を決定している傾向が強いことがわかります．付け加えておきますが，この傾向は，都会であったとしても変わりはありません．

しかし，ネットショッピングでは，購入する側の価格決定力が大幅に増大します．購入する側は，ネット上に開店されている山ほどあるショップの中から，最も安い価格で販売しているショップを選んで買うことができるのです．販売価格が高いショップにはユーザーが集まりませんので，そのショップは，やがて価格が高いことに気づき，販売価格を下げるだろうし，それに気がつかないショップは自然に淘汰されてゆきます．ネットショッピングの世界では，実際の店舗よりも強く競争原理が働きますので，商品の価格決定権は，自ずと購入する側の方が強く握ることになるのです．

6. ショッピングサイトの特徴を知る

有名なショッピングモールであれば，どのサイトも似たり寄ったりで同じじゃないの，と思うかもしれませんが，決してそのようなことはありません．例えば，Y社のショッピングモールに出店しているショップの商品価格は，総じて高めです．また，D社のサイトは，思わぬ掘り出し物を激安価格で購入することができることがあります．

このサイトは，結構有名なサイトですから，販売業者はお店を出したがりますが，なかなか売れないという特徴を持ったサイトです．前述しましたが，いつまでも売れないと，ショップは売ろうとするがために，価格を下げますが，それでも売れないと，ショップはまた価格を下げます．

　このような，購入する側にとっては非常に喜ばしい"価格下落スパイラル"を頻繁に見ることができるのがこのサイトの特徴です．欲しいものがあったら，他のサイトをチェックする前に，漏れなくチェックしておきたいショッピングサイトです．R社のネットショッピングモールは，最もおすすめのサイトです．販売されている商品の画像はきれいだし，出店しているショップへの強力な指導が行き渡っているので，ショップの質は非常に高いものがあります．欲しい商品がある場合には，まずD社のサイトを探し，次にY社とR社のサイトを丁寧に探し，それぞれのサイトでの販売価格に大きな違いがなければ，R社のショッピングモールで購入されることをおすすめします．

7. 支払い総額のからくり

　わたしたちが日常に買い物をするような，実際に店舗を持つショップでは，商品と一緒に表示してある販売金額を支払いさえすれば，その商品を購入することができます．しかし，ネットショッピングでは，少しだけ注意しておか

なければならない点があります．これを見落としてしまうと，ショップとの大きなトラブルになる可能性がありますので，注意が必要です．

　まず，ネットショッピングでは，非常に多くの場合，ユーザーの住む場所とは離れた場所にショップの所在地があります．その場合に，購入した商品を誰が届けてくれるかというと，運送会社に他ならないのですが，その送料を商品の購入者が負担しなくてはならない場合がほとんどであるということです．

　ショップによっては，"送料無料"とか，"送料300円"とかという送料の安さをうたっているショップもたくさんありますが，送料が安くても商品自体の価格が高かったり，商品の販売価格が税別で表示されていたりして，商品の購入を申し込んだ後に送信されてきたメールで請求された金額を見てビックリなんてことにならないように，最低でも，商品を購入する前に，商品の税込み価格と送料をきちんと把握し，総額でいくら支払わなければならないのかということを調べておいたほうがよいのではないかと思います．

8．怪しいネットショップだと思ったら

　ネットショッピングでは，ショップの店員と対面で購入するわけでもありませんし，商品の実物を見て購入するわけでもありません．したがって，実際に店舗を持つショッ

プと比べて，トラブルの発生する可能性が高くなることは容易に想像がつくかと思います．

例えば，購入した商品の代金をショップの指定する銀行口座に振り込んだものの，一向に商品が届く気配がない，商品ページで紹介されていた"もの"と異なる"もの"が届いた，ショップとの連絡がとれない，といったトラブルは少なからず覚悟しなければなりません．

詐欺目的の場合以外においては，ショップの側も，よほどの悪意がない限り，トラブルがないことを前提に商売しているわけですから，トラブルは避けたいところなのでしょうが，万が一，トラブルが発生してしまい，さらに，交渉が長引きそうだという場合は，直接ショップと交渉するのではなく，消費生活センター[1]などの公的機関にできるだけ早く相談しましょう．最近では，ネットショッピングのトラブルが数多く報告されておりますので，相談員の方も多くの事例に接しており，最適な解決の方法を提案してくれるはずです．もっとも，ユーザーとショップとの話し合いで解決することができるものは，当事者間で解決することが原則であることは言うまでもありません．

9. ネットショッピングが安いとは言い切れない

「ネットショッピングは安い買い物ができる」と思っていませんか．決してそんなことはありません．最近では，

サイト上に掲載されている商品の画像がものすごく綺麗だったり，商品の説明が細かく丁寧に記載されていたりするものですから，「この品質の割には安い買い物」と勘違いしてしまい，購入してみたら，実際に店舗を持つショップの価格とそんなに変わらないじゃない，とか，場合によっては，実際に店舗を持つショップのほうが安かったりする場合が往々にしてあります．

　わたしは，利用者にこのような買い物をさせてしまうような，ネットショッピングの性質を，"ネットショッピングの呪縛"と勝手に呼ぶことにしています．例えば，産地直送のメロンやトウモロコシを考えてみましょう．"北海道産"というだけの表示なら，最近ではどこのデパートやスーパーマーケットでも行っていますが，これが，"北海道○○産メロン"とか，"北海道○○産トウモロコシ"といった，より具体的な産地名まで入ってしまうと，もうたまらなくなってしまい，「買ってしまった」ということになる場合が往々にしてあります．

　しかし，よく考えてみてください．"○○産メロン"や"○○産トウモロコシ"は，スーパーマーケットには置いていなくても，デパートに行けば，産地直送のものよりも安く購入することができるということが少なくありません．逆に，デパートを通している分だけ，品質管理もしっかりしているので安心度が増したりします．

　産地直送の食品に限ったことではありませんが，ネット

ショッピングにおいては，実際に店舗を持つショップで似たような商品の価格チェックを事前に行ってから，ネットショップで購入しても遅くはありません．"よりよい商品を誰よりも安く購入する"テクニックを身に着けてこそ，ネットショッピングの達人となり得ることを忘れてはいけません．

10. 得する商品を見極める

　ネットショッピングでは，実際に店舗を持つショップでは購入することのできないようなあっと驚く商品が，あっと驚く価格で売られていたりします．長い間，探していたものが売られていて，嬉しさのあまりすぐに購入してしまった，という経験をお持ちの方もたくさんいらっしゃるかと思います．

　しかし，残念ながら，ネットショッピングで売られている商品が，必ずしもお得で安いとは言い切れません．ショップは，商品販売のプロフェッショナルです．ショップが損をするような商品はほとんど店頭には出てきません．そこで，ネットショッピングで失敗の少ない3つの商品カテゴリーを紹介することにします．

　1つ目は，家電製品やAV製品，コンピュータなどの電化製品です．この類の製品は，製品ごとに"型番"と呼ばれる製品を識別するための番号が振られているので，ショッ

ピングサイトにおいては，型番によって簡単に検索し，価格を比較することができます．

　2つ目は，カニやウニなどの魚介類，肉や乳製品などの肉類，有名店の料理をそのまま届けてくれるような"産地直送品"です．

　3つ目は，遠い昔に販売されていたものの，今ではほとんどお目にかかれないようなレアもののグッズです．

　本書で紹介している3つのサイトで，それぞれ検索してみて，最もお得な商品を最も安い金額で販売しているショップで購入することをおすすめします．

11. ショップが売らざるを得ない商品を買う

　ショップで売られている商品には，"売れば売るほど儲けがでる"商品と，"売れば売るほど赤字が膨らむ"商品があります．商売は，たとえ個々の商品で赤字になるものがあったとしても，全体で利益が出ればそれでよいのです．したがって，賢い消費者になるためには，"売れば売るほど赤字が膨らむ商品"を見極めて購入することが肝要になります．

　それでは，そのような商品は，どうやって見分ければよいのでしょうか．見分ける方法は，ものすごく簡単で，Y社，R社，それぞれのサイトで，商品名や型番などのキーワードを検索ボックスに入力して検索するだけでよいのです．たくさんのネットショップで大量に商品が販売されて

いれば，その商品は市場にダブついていることになりますので，今後数日，あるいは数週間のうちに販売価格が下落してくることが予想されます．

このような商品の販売価格が下がってきたところ，すなわち"売れば売るほど赤字が膨らむ"価格まで販売価格が下がった商品を購入すれば，これ以上の賢い買い物はないと言えます．いつの世でも，賢いお客は，商店主泣かせなのです．ネットショッピングの達人は、ネットショップのオーナー泣かせでなくてはいけません．

12. ネットショッピングはクーリングオフの対象外

ネットショッピングで買い物をする場合に多くのユーザーが勘違いするのが，"クーリングオフ"制度の適用についてです．クーリングオフ[2]とは，「消費者が，一定期間無条件で購入の申し込み，または，契約自体を解除することができる法制度」のことを言います．無店舗販売を規定する「特定商取引に関する法律」や「割賦販売法」のほか，個別の商品，販売方法，契約等の種類ごとに「特定商品等の預託等取引契約に関する法律」，「宅地建物取引業法」，「ゴルフ場等に係る会員契約の適正化に関する法律」，「有価証券に係る投資顧問業の規制等に関する法律」，「保険業法」等で規定されているのですが，ネットショッピングを含む通信販売は，クーリングオフ制度の対象とする訪問販売な

どにはあたらないため，クーリングオフ制度の適用対象外となります．ネットショッピングに関しては，「トラブルが発生したら，クーリングオフすればいいや」といった安易な気持ちは慎まなければなりません．

13. モラルとマナーを守った利用をする

　ユーザーのマナーの悪さは，ネットショッピング業者の衆目の一致するところです．例えば，ある産直品を扱うお店では，大量注文があり，指定された住所に代金引換の宅配便で商品を送ったところ，指定された住所がなく，しかも電話連絡もとれず，結局，受け取り手がないために，返送されてきたものの，商品自体が生鮮食品であったために，多額の損害を被ったということです．この一件があってから，このショップでは，注文が入るたび注文者に必ず電話連絡を入れることにし，地図で住所の確認まで行い，間違いないと判断した後で商品の発送を行っているそうです．このショップの店主は，すべてのネットショッピングユーザーがそうではないが，と前置きしながらも，ネットショッピングユーザーへの不信感を隠そうとはしませんでした．このような，いたずらや嫌がらせは，損害の差はあるものの，おそらくすべてのネットショップを運営している店主が経験していることではないでしょうか．このような一部のモラルのないユーザーのために，あなたも警戒心を持たれていることを知っていなければならないのです．

第 2 章

家電製品・AV機器，コンピュータ機器購入の達人になる

14．ネットショップで家電製品やＡＶ機器を買う前に

　ネットショッピングで家電製品やAV機器などを買おうとする際には，前述した"３つのサイト"で，価格比較を行う前に，「価格コム」という家電製品・ＡＶ機器，コンピュータ機器などの価格比較サイトで販売価格の事前チェックを行うことをおすすめします．このサイトでも，製品の型番を入力することによって，簡単に製品の性能やメーカーの製品ページ，ネット上の最安値のショップを検索することができます．「価格コム」の特徴は，このサイトに登録しているショップのほとんどが"問屋さん"ということにあります．問屋さんが，直接エンドユーザーに販売しているということは，単純に，小売店を通したショッピングと比べて，小売店の利益分がディスカウントされているということになります．このサイトで，表示されている価格を目安にして，"３つのサイト"で再度，検索してみてください．「価格コム」に登録されているお店から直接購入したほうが安く買えるのではないの？と思われる方もいるかもしれませんが，ショッピングサイトで購入すると，ほ

とんどのショッピングモールでは，"ポイント"というディスカウントポイントが付きますし，「価格コム」に登録されているショップは，総じて送料が高い場合が多く，うさん臭さが拭いきれません．「価格コム」を利用して購入される場合には，この点にご注意いただければと思います．

15. 購入する前にメーカーサイトで性能の確認をする

　ネットショッピングで家電製品などを購入しようとする際には，必ずメーカーホームページの製品紹介のページでスペック[3]の確認をしましょう．製品紹介のページでは，その製品のどこが優れているのか，どこがウリなのか，従来の製品とどこがどのように異なるのかといった情報が，非常に細かく丁寧に説明されています．新しく製品を購入するにあたって，自分が最も重視する機能が確保されているかどうかを製品紹介のページできちんと確認しておいてください．製品が手元に届いてから，「欲しかった機能がついていないことが初めてわかった」などという失敗談をよく耳にしますが，これは，自分の責任であり，誰も責任をとってくれはしません．泣く泣くその製品が壊れるまで使い続けなければならない，あるいは，数回使っただけなのに，損失覚悟でオークションで売ってしまったという悲劇に見舞われることがあることを頭の片隅に置いていてください．

16. 家電量販店で実物の確認と店員さんの話を聞く

　ネットショッピングで家電製品やAV機器，コンピュータ機器を購入する前には，できることなら，近所の家電量販店で製品の実物の確認を行いましょう．家電量販店には，類似の他社製品がたくさん展示されていますので，使いやすさの比較も簡単にできます．もしかすると，自分が買おうと考えていた製品よりも，他のメーカーの製品の方が気に入ってしまうかもしれません．

　ここでは，購入しようとしている製品の価格を，きちんと調べておくのと同時に，製品の性能と他社の同様の製品との比較をきちんと行っておきましょう．また，できることなら，店員さんをつかまえて，おすすめの製品を聞き出しましょう．家電量販店の店員さんは，よく勉強させられていますので，よほどの勉強不足の店員さんを除いては，あながち間違ったことは言いません．メーカーからの販売奨励金などを獲得したいがために特定のメーカーの製品をすすめてくる場合もありますが，特定のメーカーの製品を意図的にすすめることは，長い目で見るならば，その家電量販店自体の信用を落としかねないので，現在では，このようなことはあまりないように思います．家電量販店では，購入しようとする製品を自分の目でチェックすることと，販売のプロである店員さんの話を聞くことが，非常に重要

なポイントとなります．家電量販店は，上手に利用しましょう．

17．在庫処分品は超割安

　家電製品やAV機器，コンピュータ機器などの電化製品の新製品発売サイクルは，メーカーにもよりますが，おおむね3か月から6か月程度です．そのために，どのメーカーでも，新製品の発売直前に，大幅に販売価格を下げて，"旧型"製品の在庫処分による格安販売を行うことがあります．"旧型"製品といっても，わずか3か月から6か月前に，新製品として発売されたばかりの製品ですので，新しく発売される製品との相違はほとんどありません．

　新製品マニアでない限りは，価格の高い新製品を購入するのではなく，新製品の発売直前に，"旧型"製品の在庫処分品を購入されることをおすすめします．ユーザーにとっては，"旧型"製品と新製品の区別がつきにくいのもまた事実ですが，この場合は，「価格コム」で発売年月日をチェックする，あるいは，ネットショッピングサイトで，送料無料とか，限定○台，といった特別な販売方法を行っている製品などが，この"旧型"製品に該当するものだと思っていただいて間違いないでしょう．とにかく，在庫を抱えることなく売り切ってしまいたい製品は，送料などの経費をショップ側で負担してでも売り切ってしまいたいという判

断が働きます．このような商品は，超お買い得なので，要チェックですよ．

18. 量販店専用の型番の在庫処分品はもっと割安

「価格コム」に掲載されている問屋さんのサイトをのぞいていると，Y社やR社のショッピングサイトで検索しても引っかかってこない，長ったらしい型番の商品が掲載されていることがよくあります．このような製品は，特定の家電量販店で販売されるために，その家電量販店専用の型番が振られた製品です．メーカーや家電量販店にとっては，困ったことに，このような製品は，特定の家電量販店で販売されることを目的として製造されているために，その製品が売れ残った場合，表立って他の販売店に流用することができません．つまり，特定の家電量販店で売れ残った製品を売り切るためのルートがないのです．こういった場合，メーカーが回収して，型番を付け直して再販売するか，裏ルートを使って，一般の消費者に知られないように，こっそり販売するという方法がとられます．いつまでも在庫として残っていてもらっては困る類の製品ですので，それまでの販売価格と比べた場合に，驚くほどの激安で販売され，あっという間になくなってしまうのが，こういった製品を処分する場合の特徴です．こういった製品を見つけることは，たいへん難しいのですが，万が一，運よく，見つける

ことができた場合は，迷うことなく，即購入するのが最良の選択であるといえるのでないでしょうか．

19. 季節はずれの"季節もの"製品を購入する

　ネットショップに限ったことではありませんが，春の前には，空気清浄機がよく売れ，夏の前には，エアコンがよく売れ，冬の前には，暖房器具などの製品がよく売れます．一般に"季節もの"といわれる電化製品は，季節の変わり目に爆発的に売れますし，価格が高くても飛ぶように売れていきます．このような，誰もが欲しがる時期に購入したのでは，ネットショッピングの達人とはいえません．

　ネットショッピングの達人は，春に加湿器を買い（普通は，冬の前），夏に暖房器具を買い（普通は冬の前），秋に空気清浄機を買い（普通は春の前），冬にエアコンを買う（普通は夏の前）のです．

　実際に店舗を持つ家電量販店では，展示スペースが限られているため，これらの"季節もの"製品の売れ行きが落ちる季節はずれの時期には，倉庫にしまってしまうことが多いのですが，ネットショップには，一年中，いつの季節でも"季節もの"製品が並んでいます．季節はずれの時期にネットショップに陳列されている製品をじっくり観察してみてください．

　驚くような高性能の製品が，驚くような安い価格で販売さ

れていることに気がつくと思います．このような季節はずれの時期には，そもそも"季節もの"の製品を購入しようとする人自体が少ないのですから，じっくりと比較検討し，よく考えてから購入することができます．多くの人が購入する時期は，人気の高い製品から，ものすごいスピードで売れていきますから，「よく考えて購入すること」が，そもそもできないのです．ネットショップでは，季節はずれに，よい製品を激安で手に入れることができるのです．

20．（実例）空気清浄機の場合

例えば，ネットショップで，季節はずれに空気清浄機を買うことを考えてみましょう．価格のチェックは，前にも書きましたが，「価格コム」でチェックします．

どうですか．メーカー希望小売価格が5万円以上もする高級機種が，1万5,000円ほどで販売されていませんか．実際に店舗を持つ家電量販店では，いくら"激安"といっても40％引きが関の山です．つまり，家電量販店では，3万円程度がバーゲン価格となります．もし，これ以上の値引きで販売している家電量販店があるのならば，それは，もう投げ売りの域に入っています．

実際に店舗を持つ家電量販店では，店舗家賃や従業員の人件費などの固定経費がかなりの金額でかかりますので，それ考えるならば，いくら"激安"といっても，なかなか

販売価格を下げることができないのも当然のことなのかもしれません.

しかし,ネットショップには,店舗家賃もありませんし,人件費もほとんどかかりません.信じられないかもしれませんが,年商1億円のネットショップを運営するには,せいぜいアルバイト3人ほどを雇うだけで十分なのです.効率のよい仕事ができるならば,そのアルバイトすら不必要となります.というわけで,このような経費を極限まで抑えたネットショップで,季節はずれの時期に空気清浄機を買えば,驚きの70%引きくらいの価格で購入することができるのです.

21. (実例) エアコンの場合

次に,ネットショップで,エアコンを買うことを考えてみましょう.価格のチェックは,空気清浄機のときと同様に,「価格コム」で行います.

どうですか.空気清浄機のときと違って,型番が複雑で,機能もどこがどう違うのかよくわからないのではないでしょうか.「面倒なので仕方がない.近所の家電量販店で買ってしまおう」,なんて思わないでください.エアコンは,"複雑な表示"であるがゆえに,販売店や工事業者が"ボロ儲け"することが約束されているような製品なのです.

あなたが,ネットショッピングの達人を目指しているのであれば,このような事態は,悔しくありませんか.悔し

いと思ったら，簡単に諦めずに少しだけ研究しましょう．エアコンを購入する際は，何畳用といった畳のサイズによる表示が目安となりますが，必ずしも適切であるとは言えないようです．自動車に排気量があるように，エアコンには，カロリー量という目安があります．カロリー量が大きければ，部屋を早く暖めたり，冷やしたりすることができます．もし，購入しようとして比較している製品が，同じような価格であるのならば，カロリー量の大きな製品を購入することをおすすめします．

そのほかに，エアコンには，タイマー機能や，マイナスイオン発生機能，自動清掃機能など，たくさんの機能が付いている場合がありますが，これらの機能が付加されている製品は，総じて価格が高くなる傾向にありますので，ほんとうに利用する機能を最低限度備えた製品を購入することを検討しましょう．無駄な機能は，無駄に価格が高いものです．

ちなみに，エアコンには，取り付け作業が付きものですが，この作業もネットショッピングサイトで購入することができますので，併せて利用されることをおすすめいたします．もちろん，近所の設置業者よりも安い作業代で済むことは，言うまでもありません．

22．（実例）家具調こたつの場合

　ここ数年，高級家具調こたつが人気です．ネットショップで，高級家具調こたつを買うことを考えてみましょう．価格のチェックは，空気清浄機やエアコンと同様に，「価格コム」でチェックしますが，なかなか型番でチェックすることは難しいのではないでしょうか．

　このような場合は，少ないながらも「価格コム」で得られた情報を参考に，ネットショッピングサイトを丁寧に検索する方法がベターかと思います．季節外れの時期に購入することを考えますと，これまた，驚きの激安価格で購入できることは間違いありません．メーカー希望小売価格が，18万円もする高級家具調こたつが，4万円ほどで購入することができます．

　このように，"季節もの"家電製品は，季節外れに購入することによって，購入に際しての出費をかなり低く抑えることができます．生鮮食品は，旬のものが安く，新鮮で美味しいということは，誰でも知っている常識ですが，"季節もの"家電製品は，季節外れの時期に購入するのが，最も賢い購入の方法であることに間違いはありません．

23. 少しの機能の違いで大きな価格差が生じる

　家電製品やAV機器，コンピュータ機器などの電化製品は，ある機能が付いているか付いていないか，といった"わずかな差"で"大きな価格差"が生じることがあります．

　例えば，テレビやDVDレコーダーを例にとってみると，BSチューナーが内蔵されているかいないか，によって大きな価格差が生じます．BS放送に興味がない人は，「たかがBSチューナーごときで」と思われるかもしれませんが，BS放送をこよなく愛する人にとっても，一般のユーザーにとっても，BSチューナーがないということは，大きな使い勝手の違いに繋がってしまいます．

　また，空気清浄機や加湿器では，マイナスイオン発生装置が付いているかどうかで大きな価格差が生じてしまいます．マイナスイオン発生装置が家電製品に付いていることがどれほど，重要なことなのかよくわかりませんが，とにかく，マイナスイオン発生装置の有無が価格に大きく跳ね返ってくることは否定できません．

　BS放送に興味がない，あるいは，マイナスイオン発生装置はいらない，という人は，ネットショッピングで，自分にとって不必要な装置が付いていない製品を選んで購入することによって，さらに，お買い得な買い物ができることを知っておくと便利です．電化製品をネットショッピング

で購入する場合，少しの機能の違いで，思いもよらないほどの大きな価格差が生じることがあるのです．

24. 二流・三流メーカーの製品を購入する

　ソニーやナショナル，日立といった日本を代表するようなメーカーの製品ですと，なかなか超激安というまでは，製品の販売価格が下がりません．そのようなときには，迷わず，二流・三流メーカーの製品に狙いを定めましょう．メーカー名が二流・三流でも，製品の中身は，OEMなどで提供された一流メーカーの技術が使われている場合が，かなりの高確率であります．当然，性能は一流メーカーの製品とほとんど差はありません．しかし，販売価格には大きな開きが生じてしまうのです．一流メーカーと二流・三流メーカーというほんの小さなブランドイメージの"差"だけでです．

　「絶対に一流メーカーの製品じゃないとダメ」というこだわりがないならば，迷わず二流・三流メーカーの製品を購入することをおすすめします．さらに，二流・三流メーカーは，季節の変わり目や，決算期直前，新製品発売前といった時期に，非常に大胆で思い切った値引き販売を行ってくることが多々あります．これを知りたいがために，いつ行われるかわからない（もしかすると，行われないかもしれない）お買い得な激安販売を目的に，実際に店舗を持

つ家電量販店に毎日のように通い続けるよりは，ネットショップを毎日チェックした方が簡単ですし，一時にたくさんのネットショップの情報を収集することができます．何よりも労力の節約になります．"二流・三流メーカーから発売されている性能の高い製品を買うこと"も，ネットショッピングの達人になるための極意といえます．

25. 日本のメーカーの製品を買うのが最良の選択

ネットショッピングでは，多くの"品質の悪い"外国製品が格安で販売されています．ネットショッピングでは，購入ページに掲載されている写真の善し悪しが売り上げに大きく響いてきますので，ショップ側は，できるだけ綺麗な製品の写真をページ上に掲載することに腐心します．ネットショッピングの初心者ユーザーは，このからくりにまんまと引っかかってしまい，"品質の悪い"外国製品を，購入させられる可能性が非常に高いのです．

このような製品を購入する人は，ついついその安さにふらふらっと心が動いてしまい，購入に踏み切ってしまうのでしょうが，購入の前に，"サポート体制はしっかりしているか"ということをよく把握してください．そもそも日本でのサポート体制は，しっかりと確立していることがあたりまえなのですが（サポート拠点が外国であっては，不親切の極みです），ネットショッピングの達人には，購入して

から，数か月も使用しないうちに故障してしまい，取扱説明書に記載してある電話番号に電話してみたら，その電話は使われておらず，仕方がないので，インターネットを使って一生懸命サポート拠点を探し出し，連絡をとってみたところ，「残念ながら総代理店（あるいは，正規代理店）を通じてのお買い上げではないので，サポートできません」と言われ，「同じメーカーの製品なのになぜ？」という経験をしてもらっては困ります．

ショップによっては，安く仕入れ，そのことによって大きな利益を得たいがために，並行輸入品[4]を販売している場合が往々にしてあります．その場合，総代理店を通じて輸入された，いわゆる"正規取扱品"ではないため，メーカーのサポートを受けることができない場合があります．また，しっかりとしたサポート体制が確立されていないために，サポート拠点が頻繁に変わったり，場合によっては，日本から撤退してしまっていたなどという事態に直面してしまうかもしれません．無用なトラブルを避けるためにも，「絶対にその製品が欲しい」という余程の信念がない限りは，日本のメーカーの製品を購入されることをおすすめします．

26. 粗悪な外国製品に注意する

誤解しないで欲しいのですが，ここでは，外国製品がすべて粗悪品だということを言っているわけではなく，あま

りにも粗悪な外国製電化製品がネットショップに氾濫しているから注意して欲しいということを言いたいのです．外国製品のあまりの安さに，つい購買意欲をそそられてしまうかもしれませんが，その安さの裏返しは，「故障してもサポートしませんよ」ということを暗示していることが往々にしてあります．

　外国のどのような工場で，どのくらい仕事のできる労働者を雇って製造しているかを推測することはできませんが，経験上，「日本の小学生でも作らないだろう」とか，「どれほど手抜きをすればこのような粗末な製品ができ上がるんだ」などと邪推してしまうような陳腐で粗悪な製品を購入してしまわないようにするためにも，きちんとした名の知れた日本メーカーの製品を購入されることをおすすめします．

　ちなみに，このような粗悪な製品は，店舗を持つ家電量販店などで売られることはまずありません．粗悪品だということがわかっていますので，ユーザーに実物を手にとって見られることが怖いのです．しかし，ネットショッピングでは，遠隔地に居るユーザーであるからこそ，「ネットショップで売ってしまおう」という悪事を働いてしまうようなメーカーやショップも少なからず存在することをお忘れなく．ネットショッピングに油断は禁物です．少しのお金を出し渋ったために，大きな損害を被ることになるのは，自分であることを忘れないでください．

27. メーカー希望小売価格に騙されるな

　最近では，家電製品やAV機器，コンピュータ機器は，オープン価格[5]とする傾向が強いため，目にする機会は減りましたが，メーカー希望小売価格[6]という，メーカーが，予め，販売予定価格を設定している製品があります．

　販売店は，このメーカー希望小売価格を目安に，"10%引き"とか"20%引き"といった販売価格の表示を行い，場合によっては，"50%引き"などという，非常に割安な印象を与える価格設定で消費者に販売しようとします．

　しかし，ネットショッピングサイトをよく見てください．"80%引き"だとか"90%引き"とかいった，自称"超激安販売"で売られている商品の多さに気がつきませんか．このような"超激安販売"があちらこちらで行われている状態は，いくら販売競争に明け暮れるショップ同士の戦いだといっても尋常な状態ではありません．そこまで割り引いてまでも在庫処分しないと，ショップの資金繰りが悪くなるのか，その激安販売商品の性能は大丈夫か，そもそもその製品は新品なのか，何年前に製造されたものなのか……，疑問を挙げたらきりがなくなります．

　そうです，お気づきの方もいらっしゃるかと思いますが，"超激安販売"と感じてしまうのは，メーカー希望小売価格というメーカーが勝手に決めた"基準"が災いしているの

ですね．このような基準価格がなければ，消費者に，大幅な割引がなされているように感じさせる錯覚を感じさせることはありませんし，購入した後で，「騙された」と地団太を踏むこともないのです．

　本来，市場価格は，商品の価値と消費者が買ってもよいと思う価値とが一致した金額で販売価格が決定するもので，メーカーが勝手に販売価格を決定してしまうこと自体，おかしな話なのです．ネットショッピングのショップでは，商品を手にとって見ることができず，また，販売競争が激しくなる傾向にある分だけ，誇大広告になりがちなお店が多く見受けられます．ネットショッピングの達人であるならば，メーカー希望小売価格の"魔術"にはまらないように注意してください．

28. 型落ちの製品を狙う

　小売店の販売員は，「家電製品の技術革新は日進月歩だから新しいものを買ったほうが得ですよ」と言いますが，ほんとうにそうなのでしょうか．確かに，現在では3か月，あるいは，6か月ごとに"新製品"と銘打った新しい製品が発売されますが，3か月前，あるいは，6か月前に発売された製品とどの程度の違いがあるのでしょうか．

　例えば，3か月前に発売された250ギガバイトのハードディスクを搭載したDVDレコーダーと，3か月後に発売された

400ギガバイトのハードディスクを搭載した製品が，それぞれの発売時に，まったく同じ価格で販売されたとします．一見，3か月後に発売された400ギガバイトのハードディスクを搭載した製品の方が割安のような気がするかもしれません．しかし，「価格コム」を利用してよく調べてみてください．3か月前に発売された250ギガバイトのハードディスクを搭載した製品は，劇的に価格が下がっていませんか．

　すでにご存知かと思いますが，価格の決定権は市場にあります．新製品が発売されたことによって，旧型製品の市場価値が大幅に下落したのです．場合によっては，発売当初の半値くらいの販売価格になっていたりします．仮に，半値になった250ギガバイトのハードディスクを搭載した製品を2台購入することを考えてみてください．3か月待って新製品を購入するのではなく，3か月待って旧製品を買った方が得なのがわかります．その方が，賢い買い物だと思いませんか．

29. 性能と価格は比例しない

　「性能のよい製品は価格も高い」と思っていませんか．しかし，性能と価格は，必ずしも比例関係にはありません．前にも書きましたが，製品の価格は，その製品が商品として市場に投入されたときに，市場の中で必然的に決定されます．

　商品を販売する者にとって，市場という場所は，実に冷徹

で残忍です．市場では，製品の正当な価値ではなくて，"人気"による価格決定がなされる場合が往々にしてあります．つまり，性能に大きな違いがなくても，A社とB社の製品では，売れ行きに大きな違いが出る場合が頻繁にあるのです．

　なぜ，このようなことが起きるのでしょうか．A社がこの製品市場では，よく知られた有名な一流会社で，B社は二流会社なのですが，実はOEM[7]で，A社からまったく同じ製品を供給されているものの，この製品市場では後発の企業だとします．あなたならどちらの会社の製品を買いますか．いや，買おうと思いますか．あなたがネットショッピングの達人であれば，ネットで使えるあらゆる手段を講じて調べ上げ，きっと，後者の製品を買うことが賢明であることに気がつくでしょう．なぜなら，B社の製品の方が圧倒的に安く購入することができるからです．

30. アマゾンでも家電やAVが買えること知っていましたか？

　"アマゾン"というサイトをご存知でしょうか．膨大な種類の和書や洋書，CD，DVD，ゲームソフトなどが揃っており，一定額以上の買い物をすると，送料が無料になるという，非常に便利で信頼のおけるネットショッピングサイトです．

　いままで，「ネットショッピングをするなら，R社，Y社が運営するサイトは信用できますよ」というお話をしてき

ましたが，"アマゾン"も非常に便利で使い勝手のよい家電製品，AV機器，コンピュータ機器の販売サイトなのです．しかも，"アマゾン"の強みは，R社，Y社のようにたくさんのショップが入居しているショッピングモールではなく，単独の会社が運営しているため，メーカーが大量の在庫を処分するために，"アマゾン"を利用するケースが増えているのです．資力の乏しい問屋や，実店舗を持つ家電量販店に卸すよりも，"アマゾン"を利用することによって，小売店までの輸送経費が節約でき，さらに，大量の顧客を抱える"アマゾン"であれば，大量の製品を販売することは容易なことであるため，販売に要する経費を最小限に抑えることができます．

　"アマゾン"の方でも，メーカーと提携することによって在庫を抱えるリスクを回避することができるため，非常にリスクの少ない商売を行うことができます．メーカーにとっても"アマゾン"にとっても，最終的には消費者にとっても満足度の大きい取引ができることになるのです．ネットショッピングで家電製品，AV機器，コンピュータ機器を買うことを決めたなら，"アマゾン"をチェックすることを忘れずに．

31. 意外に大きい送料負担

　実店舗で購入し，購入した商品を自分で持ち帰れば，当然のことながら送料はかかりません．しかし，ネットショッピングでは，よほど，親切で奇特なショップでない限り，商品の運送に送料がかかってしまいます．

　ショップのページに掲載されている送料を見たとき，「送料が高すぎるのではないか」と思われる方もたくさんおられることでしょう．

　すべてのショップがそうであるとは言いませんが，送料は，ショップが自由に決定することができる"聖域"であり，ショップの言い値で決められるのが常です．ところが，この送料が実は，ショップの利益の源泉であることをご存知でしたか．つまり，毎日のように何百個もの荷物を発送するショップでは，運送会社との間で，驚くほど格安の運賃契約がなされているのが当たり前なのです．ネットショッピングモールでは，一個の商品が売れるごとに，販売価格の数％の販売手数料が運営会社に取られてしまいますが，送料には，そのような手数料が取られるということはありません．つまり，ユーザーから，多額の送料を取ればとるほど，実際に運送会社に支払う送料との差額が，そのままショップの利益になるような仕組みになっているのです．ネットショッピングである限りにおいて，送料がか

かってしまうのは仕方のないこととしても，あまりに高すぎると思われる送料を掲載しているショップで購入することは，避けた方がよいかもしれません．

32. 家電・AV機器をネットショッピングで購入するときの極意

　ここまで，ネットショッピングで家電・AV機器を購入しようとするときに留意しなければならない点を細かく書いてきました．とは言っても，ちょっと抽象的すぎて，具体的にどうすればよいのかわからないじゃないか，と思われる人もおられるかもしれません．

　そういう人のために，購入の目安となる金額をお伝えします．商品の販売価格には，メーカー希望小売価格が設定されている製品と，販売価格の決定をショップが自由に行うことができるオープン価格の製品がありますが，現在では，行政が「メーカー希望小売価格を決めず，オープン価格にするように」と，メーカーを指導していることから，オープン価格の製品が多くなってきています．

　しかし，オープン価格は，購入する際の目安が曖昧になるので，メーカーの価格統制を排除するという名目でのオープン価格化は好ましい傾向とはいえないように思います．したがって，少々面倒ですが，オープン価格の製品を購入しようとする場合は，前にも書いたいくつかのショッ

ピングモールを丁寧に検索し，最も購入に適したショップで購入する以外に方法はありません．

　一方，メーカー希望小売価格が設定されている製品の場合には，購入の目安となる金額は，経験則から，メーカー希望小売価格の30％前後となります．例えば，5万円のメーカー希望小売価格の製品であるとすれば，1万5,000円前後で購入することができれば，満点の買い物といえるでしょう．なによりも，メーカー希望小売価格が5万円の製品を1万5,000円で販売したとすれば，メーカー側が製造原価を下回った金額で販売していることにまず間違いありません．驚くかもしれませんが，ネットショッピングの達人は，こんな金額で購入していることを知っておいてください．

第 3 章

食品購入の達人になる

33. ネットショッピングで最も恩恵を受けたのは産直のお店

　今日，北海道で採れたばかりのカニやウニが，明日には，もう手元に届くとするならば，少々価格が高くても，購入してみようと思ったりしませんか．そのお店がある場所に行かなければ絶対に食べることのできない有名なラーメンや，モツ鍋セットなどなどが，手軽に自分の家で食べることができるならば，少々金額が張っても買ってみようと思いませんか．そう，わたしたちは，"産地直送[8]"とか"限定"とかといった，世の中に大量に出回っているものと差別化するような言葉にめっぽう弱くできているのです．しかも，これが"食べ物"であったりすると，喉から手が出るほど欲しくなる人が，この世の中にはごまんといるのです．人間は，この「他と区別され，特別な優越感に浸れるような商品」に惹かれる傾向が非常に強いのです．こういった，多くの庶民のささやかな優越感を満たそうとする欲望がために，ネットショッピングにおける産直のショップは，大きく販路を拡大することに成功しました．わたしは，ネットショッピングにおいては，ほとんどのショップ

が厳しい店舗運営を行っているのではないかと思っていますが，唯一，ネットショッピングの恩恵を受けたのは，産地直送をウリにしているショッピングサイトであることを皆さんにお伝えしておきます．ただし，ここで言いたいのは，あくまでも，こういった産直のお店が利益を大幅に伸ばすことに成功したということであり，他意はありません．産地直送品に限って言えば，ショップとユーザーの双方にとって，大きな利益をもたらすことになったのです．ネットショッピングの醍醐味を最も体現してくれる商材が，産地直送の食品だといえるのではないでしょうか．

34. 美味しそうな産直品を探してみる

　産直品を探すなら，R社のショッピングモールの独壇場でしょう．丁寧に時間をかけてサイト内を探してみましょう．"北海道の海産物問屋さん直営のカニを売っているショップ"，"北海道の大自然の中で育った健康な牛から，今朝搾られたばかりのいかにも新鮮で濃厚な牛乳，そしてチーズやバターを販売しているショップ"，「そうそう，北海道といえば，あの有名なクッキーをはずすことはできないし，なんといってもジャガイモよね」などと，頭に浮かんでくる商品は尽きることがなく，どれも美味しそうで，出て来るは出て来るは……．もちろんここで紹介したのは，北海道の一部のショップでしたが，R社のショッピングサ

イトには，日本全国の美味しいショップの産直品が，ところ狭しと並べられているのです．このようなR社の産直品のショップの醍醐味を知ってしまったら，この誘惑から抜け出すことは困難です．細かく書いてしまうと，特定のショップの宣伝になってしまうのでこれ以上は触れません．どうか，ほどほどに楽しんでみてください．

35．B級産直品はお買い得

　"B級産直品"を知っていますか．さまざまな理由から商品として市場に出荷されない商品を産直品として販売する場合，通常の販売に供する見栄えのよいA級品と区別するときに，B級品という言葉を使います．B級品と言うからには，A級品と比べた場合に，明らかに何かが劣っていなければなりません．例えば，産直品のカニであれば，出荷する前の段階の茹でている最中に足が外れてしまったものとか，ちょっと大きめのサイズであるとか，逆に小さめのサイズであるといった，いわゆる規格外の場合がこれにあたります．A級品と比べて見栄えがよくないというただ一点を除いてしまえば，A級品とB級品との間には，何も異なる点はありません．もちろん，味の違いはまったくありません．

　ネットショッピングでは，こういったB級品の産直品が販売されることが結構あります．当然，価格はA級品と同

じというわけにはいきませんので，思いっきり安くなりますし，ショップの方でも，従来は自家消費していたか，加工用に回していたか，あるいは，もったいない話ですが，捨てていたものが商品になるのですから，思いきったお買い得な販売価格を設定してくる場合が多いのです．ネットショッピングでB級産直品を探し出して超お買い得な産直品の買い物を楽しみましょう．

36．B級生鮮食品も要チェック

　B級品が産直品に限ってあるわけではないことは，すでにご存知のことかと思います．B級品は，さまざまな理由から，本来は，市場に出回ることのない商品をいうわけですから，単純に考えるならば，すべての商材に存在することになります（ただし，電化製品などの工業製品の場合は，B級品＝不良品となりますので，市場に出てくることはありません．不良品を修理したうえで，再び販売される製品は，"再装備品"といいます）．

　B級品でお得な買い物をしようとするなら，ネットショッピングのB級生鮮食品は，格好の商品といえます．例えば，あるイチゴの産地で，イチゴが採れすぎたために，市場に出そうにも，同じようなイチゴが大量に出荷されているために，卸価格が安くなりすぎるという場合を考えてみてください．

　生産者には，3つの選択肢があります．1つ目は，卸価

格が安くなることを承知のうえで,そのまま市場で販売する.2つ目は,ジャムなどを作るための加工用として販売する.3つ目は,ネットショッピングサイトで,B級生鮮食品として販売する.あなたが生産者ならば,どの方法を採用しますか.おそらく,最も高い金額で販売することができる方法を選択するのではないでしょうか.それが,ネットショッピングサイトでの販売なのです.

　生鮮食品は,採れてからどれだけ早く売り切るかが勝負の分かれ目ですから,たとえA級品ランクの商品でも,格安で販売されることが多々あります.ネットショップで格安販売したとしても,市場に卸すよりは生産者にとって満足のいく取引ができるのです.もちろん,ユーザーにとっても満足度は高いものになります.ただし,難点を言うならば,この種の商品は,販売開始から数時間,場合によっては,数十分で売り切れてしまうことがあるということです.知る人ぞ知る究極のネットショッピング利用法ではないでしょうか.

37. 大量販売を要チェック（その1）

　薄利多売という言葉を聞いたことはありますでしょうか.簡単に言うと,「一つひとつの商品から得られる利益は,非常に小さくても大量に販売することによって,大きな利益を得る」という販売方法です.食品を扱うネットショッピ

ングサイトでは，大量販売を行うお店が結構多いのです．

こういったショップのサイトには，販売単位当たりの価格が安いものですから，非常に多くのリピーター客が付いていることが常です．ということは，当然のように，販売が始まってから間もなく売切れてしまうということも非常に高い確率で起こり得ます．このようなお店を数多く知っておくことは，ネットショッピングの達人にとって欠かすことのできない裏技であるといえます．

このような人気店は，夜中の12時から発売開始を行ったり，朝6時から発売開始したりといった，あの手この手の趣向を凝らしてきますので，常にサイトをチェックしておき，その仕組みに乗り遅れないことが肝心です．さらに，このような販売方法をとるショップは，「5,000円以上お買い上げで送料無料」といった特典があったりする場合があるので，何人かのお友達といっしょに購入してみるというのもひとつの方法です．

38. 大量販売を要チェック（その2）

普通，薄利多売とは，多くの"数"をまとめて販売することによって一定の利益を確保しようとする販売の方法を指します．近所のスーパーなどで，りんごを1個だけ買うよりもまとめて10個買った方が，1個当たりの単価が安くなるという仕組みです．しかし，ネットショッピングでは，

"数"をまとめて販売する方法とは別に"量"をまとめて販売するという販売方法が採用される場合が少なくありません．このような販売方法も薄利多売の中に含まれるのでしょうが，"数"の薄利多売とは趣が異なります．例えば，「バケツ一杯に詰めたプリン」であるとか，「牛乳10ℓ」とか，「米俵のようにぎゅうぎゅうに詰められたチョコレートパフ」などという，いかにも恐ろしげなネーミングの商品が販売されていたりします．このような商品は，近所のスーパーで売られていることを見たことがありませんし，仮に売られていたとしても，そう簡単には売れそうにもありません．しかし，どういうわけかネットショッピングでは，あっという間に売れていってしまうのです．ネットショッピングでは，安いということに加えて，イベント性があり，さらに希少価値が高いということが，人気の出る要素になっているのです．

39. すべての産直品が美味しいわけではない

ところで，注意していただきたいのは，「すべての産直品が美味しいわけではない」ということです．ユーザー側は，商品ページに掲載されていた写真がいかにも美味しそうで，産地から直接送られてくるのだから，絶対に美味しいに決まっている，という確信を持ちがちになりますが，決してそのようなことはありません．産直品であっても，近所の

スーパーと同じで，美味しいものは美味しいし，美味しくないものは美味しくないのです．

　現物を見ることができず，試食ができないネットショッピングでは，サイトに掲載されている写真のみが商品の信頼性をチェックする唯一の指標となります．しかし，残念なことに，写真と実物が必ずしも一致するとは限りません．ショップによっては，見栄えのよい写真をサイトに掲載しておき，実際に発送される商品は，それとは似つかわしくない商品だったということは日常にあることなのです．

　しかし，残念なことに，商品ページに掲載されていた商品とは明らかに異なるということが誰の目にも明らかでない限り，商品を返品することはほぼ不可能であるということを覚えておいてください．ネットショッピングには，ショップとユーザーとの少しの認識の違いが大きなトラブルになることを頭の片隅に置いていてください．ネットショッピングで産直品を買おうというときには，少しぐらいの見栄えの悪さ，味の違いなどは気にせずに，「残念，はずれてしまった」程度で収める気持ちの余裕が必要ではないかと思います．

40. どうしても我慢できないときは

　しかし,「残念,はずれてしまった」では,どうしても納得がいかない,という場合もあるかもしれません.そのときは,ショップと直接,話をしなくてはなりません.ここで,注意しなくてはならないのは,ショップが遠隔地にある場合が多く,また,直接,ショップの人と対面で話をするわけではなく,電話で話さなくてはならないために,どこがどういう風に気に入らないのかということがなかなか伝わらない可能性があるということです.電話だけでこちらの意図を伝えようとすると,こちらの意図がなかなか伝わらないことにイライラして感情的になってしまいそうになるかもしれませんが,トラブルの際には,感情的な対応は,絶対に避けるべきで,最初は丁寧に対応していたショップ側も,感情的になってしまっては,まとまる話もまとまらなくなります.

　ネットショッピングで購入した商品にどうしても我慢できないならば,感情に任せて電話でクレームを入れるのではなく,どこがどういう風に問題で,なぜ気に入らないのかということを順序立てて,ショップの人にきちんと伝わるように話す練習してから電話することをおすすめします.

41. それでも我慢できないときは

　お店と直接，話をしてみたけれど，どうしても埒(らち)があかない，あるいは，納得がいかないという場合は，最後の手段として，そのショッピングサイトを運営する会社にクレームを入れるという方法があります．

　ネットショッピングの黎明期であればいざ知らず，成熟産業の仲間入りをしかけてきたネットショッピングにおいて，ショップは，そのショッピングサイトにショップを開くために，厳しい審査を潜り抜けなければならなかったはずです．ですから，ネットショッピングサイトを運営する会社からの指導にはかなり神経を使っています．また，ショッピングサイトを運営する会社としても，ユーザーの信用が最も重要であり，悪い噂が立ってしまっては，あっという間にユーザーが遠のいてしまうので，悪い噂が立たないように細心の注意を払っています．このような裏事情がありますので，ショッピングサイトを運営する会社に入れたクレームは，実に絶大な効果を発揮します．昨日までは，埒(らち)が開かなかったクレームが，ショッピングサイトの運営会社にクレームを入れた途端，担当者が遠隔地であるにもかかわらず，自宅まで謝りに来たという話は数多くあります．ただし，あなたのクレームのせいでショップが出店中止処分を被ってしまい，ショップの恨みを買うことの

ないように注意してください．

42. 健康食品の誘惑

　ネットショッピングで，たくさんの方がハマッてしまう商品に"健康食品"があります．健康食品を扱うどのショップのサイトでも，健康食品のページは，非常に綺麗に装飾がなされており，また，摂り始めると，すぐにでも効果が現れてくるような説明がこと細かになされていることに気がつくと思います．

　では，お店はどうしてそこまでして健康食品を売る必要があるのでしょうか．答えは簡単です．「儲かる」からなのです．大抵の場合，健康食品には，定価がついています．しかし，お店が仕入れる値段は，定価の10分の1から3分の1にすぎません．3分の1というのは，新発売されたばかりの商品で，売れ残れば残るほど，この価格は下落していき，最終的には，10分の1程度まで下落していきます．ですから，健康食品は，ネットショップにとっては，稼ぎ頭ということになります．家電製品のことを書いたときに指摘しましたが，健康食品を買うときにも，定価の30%前後の価格で購入することを目指しましょう．これも，ネットショッピングの達人の極意といえます．

43. なぜ健康食品はあっという間に新製品が出るのか

　健康食品に興味がある人であれば,「なぜ健康食品はあっという間に新製品がでるのか」という疑問を持たれるかと思います．ネットショップに陳列されている健康食品を見ていると,本当に,類似した新製品が次から次へと新発売になるのです．しかし,新発売された商品をよく見ると,あることに気がつきます．

　そう,「前の商品と何が違うのか」ということです．健康食品は,一種の流行みたいなものですから,新製品が発売になると,一瞬は大量に売れるのですが,その後は,波が引くように売れなくなってしまいます．したがって,メーカーは,パッケージを新しくしたり,内容を少しだけ増量したり,成分の配合を少しだけ変えたものを作ったりして,これを新製品として販売し始めるのです．

　ですから,当然のように,前の商品とほとんど同じ成分の,パッケージだけ異なる"新製品"ができ上がるのです．「これって詐欺じゃないの」と思われる方もいるかと思いますが,成分構成が異なっているので,新製品には違いありません．意地悪い見方をすれば,「詐欺スレスレ」の販売方法ということにはなりますが,このような販売方法は,健康食品に限らず,よく行われている販売手法なのです．ただ単に,健康食品にこのような傾向が目立つということに

すぎません．健康食品を購入される際には，くれぐれも，この点に気をつけて購入してください．

44. ネットショッピングで売られている健康食品は効くのか

　ネットショッピングでは，さまざまな健康食品が販売されています．ショップごとに違った説明や販売方法がなされていて，一見しただけでは同じ商品かどうかの区別すらできない場合があります．場合によっては，長ったらしい商品名の後ろに「デラックス」とか「NEW」などといった，新製品を思わせるような表記がなされていて，何がなんだかわからないというのが正直な感想ではないでしょうか．

　ところで，「健康」食品とうたっているだけあって，健康食品は，ほんとうに健康によいのでしょうか．商品によっては，何に効くのかということが大きく表示されている場合がありますが，ほんとうに効能があるのでしょうか．そんな疑問を持ったことはありませんか．そうです，本書の賢い読者の方はすでにお気づきかと思いますが，健康食品は，あくまでも「食品」であって，「医薬品（すなわち"薬"）」ではありません．よって，パッケージなどに「～に効果がある」という断定的な表示はできず，「～に効果が（あるかもしれない）」という非常に曖昧な表示をしなければ違法行為になります．その言外には，「～に効果が（あるかもしれない）が，効果がなくても何ら責任は持ちませんよ」という意味合いが隠さ

れています．特に，ネットショッピングで健康食品を購入する場合には，何にも「効かない」ことを前提に，「気分的に少々よくなるかもしれない」という程度の「期待」を持って購入されることをおすすめします．そうしておくと，効かなかった場合の落胆も小さくて済みますから．

45. 日用雑貨もネットショッピングがお得

　家電・AV製品は，「ネットショッピングで型落ちを狙うのがベストの選択」ということを指摘しました．実は，この法則は家電・AV製品のみに当てはまるものではなく，ネットショッピングで販売されている日用雑貨にもあてはまるのです．例えば，台所洗剤や石鹸などといった日用雑貨は，3か月程度のサイクルで，次々に新しい製品が発売されます．その中身は，パッケージのリニューアルであったり，内容量の増量であったり，ちょっとした成分の変更であったりするのですが，いずれにせよ，メーカーに言わせれば，新製品であることには違いありません．当然，メーカーは，新製品発売と同時に全国のショッピングセンターからスーパーマーケット，コンビニに至るまで，あらゆるお店に新製品をばら撒くことになります．では，それまで売られていた旧製品はどうなるのでしょうか．もうお察しかと思いますが，在庫になります．新製品が発売された以上，前と同じ金額で旧製品を売ることはできません．

お店から引き上げられた大量の在庫は，メーカーの倉庫でほとぼりが冷めるまでの半年間ほど寝かされることになります．その後，満を持してそれらの旧型製品は，ディスカウントストアに格安で卸されることになります．しかし，日本全国を探してもディスカウントストアの数は限られています．前にも書きましたが，大量の在庫を短期で売りさばくためには，ネットショップが最良の手段になります．なぜなら，ネットショップで短時間に売りさばいてしまえば，近所のお店に足を運ぶ大量の消費者の目に触れることがないのです．つまり，「昨日は200円のものが，なんで今日は58円なのよ」といった主婦のクレームを回避することができるのです．ネットショップは，日用雑貨の旧製品を購入する場合にも穴場なんですよ．

46．日用雑貨も大量買いがお得

　日用雑貨は，商品単価がそう高くはありません．ですから，ネットショッピングでいくら安く売られているとしても，1個や2個の買い方では，購入のメリットを受けることは難しいでしょう．なぜなら，送料が馬鹿にならないくらい高いからです．近所のお店で購入するときには，送料を取られることはありませんので，お店の表示金額で購入すればよいのですが，ネットショッピングでは，送料の負担を避けて通ることはできません．

そこで，おすすめするのが，大量購入です．大量購入といっても，家庭用洗剤をまとめて1,000個購入してくださいといっているわけではなく，せめて，1箱単位で購入されたほうがお得ですよ，と言っているにすぎません．1箱には，せいぜい10個〜30個程度の個数がまとめて入っているだけですので，まとめて購入されても大きな金額の負担にはならないでしょう．

　ネットショッピングを賢く利用するためには，これ位の意気込みが必要ですし，買いすぎたなとか，1人で買うには多すぎると思ったら，何人かのお友達といっしょに共同で購入するという工夫が必要でしょう．そのような面倒さを除いたとしても，ネットショッピングで日用雑貨を買うことは，お得なことなのです．

第4章

買い方の工夫をする

47. 共同購入を利用する

　ネットショッピングでは,「共同購入」という販売方法がよく行われていることをご存知でしょうか．R社のショッピングモールで頻繁に見かける販売方法なのですが,簡単に言えば,1人や2人の購入では,安くならない商品が,購入者が3人,4人と増えていくことによって,販売価格がどんどん安くなっていくという販売形態をいいます．非常に多くのショップがこのような販売方法を行っています．

　共同購入のポイントは,2つあります．1つ目は,そのショップにお客さんが来て欲しいがために,薄利でかまわないから,とか,ショップによっては,損失が出ることを覚悟のうえでといった宣伝目的から,他のショップよりもかなり安く販売することが多いということです．2つ目は,メーカーやショップが抱える大量の在庫を一気に処分するために,メーカー希望小売価格の10分の1程度の価格で販売する場合もあるということです．このようなときには,前にも書きましたが,ほとんどの場合,メーカーの製造原価を下回った金額で販売されていますので,超お買い得と

言えます．極論ですが，共同購入は，メーカーやショップにはほとんど利益が残らない販売方法であり，利益を出すというよりは，客寄せの手段としての色彩が強いので，共同購入に出されている商品を購入するということは，ほとんどの場合において，賢いショッピング方法ということになるのではないでしょうか．

48. オークションを利用する

　ネットオークションといえば，Y社のオークションがあまりにも有名ですが，R社のサイトでもオークションが行われていることをご存知でしょうか．Y社のオークションとの大きな違いは，R社のネットショッピングモールに出店しているネットショップが開催するオークションなので，信頼性が非常に高いということです．

　R社のネットショッピングモールは，ショップを出すための審査が非常に厳しく，ユーザーとのトラブルを何よりも嫌いますし，トラブルの防止に躍起になっています．したがって，ショップ側もオークションを開催するにあたって，出品する商品を考えに考えた厳選された商品を出品する傾向にあります．

　R社のモールに出店しているショップには，オークションを専門としてショップを出している会社がたくさんあります．このようなショップには，すでに15万人から30万人

もの強力なリピーター（つまり、"場数を踏んだプロのネットショップの達人"とでも言いましょうか）が付いていて、オークションが開催されると同時に、オークションに参加してきます．このようなヘビーユーザーの行動を観察し、あなたも何回かオークションに参加してみてください．オークションの達人になるための、あなたなりの極意が見えてくるのではないかと思います．もし、「高く落札してしまうんじゃないか」という不安をお持ちの方は、メーカー希望小売価格が決められている商品から始めてみるのもひとつの方法かと思います．入札金額の基準は、前に何回か書いております"マル秘"の金額です．

49. Y社のオークションとR社のオークションの違い

　Y社のオークションとR社のオークションの大きな違いは、Y社が"競り上がり方式"のオークションのみを提供しているのに対し、R社のオークションでは、多岐に富んだ方式が提供されており、競り上がり方式のオークションに加えて、"クローズドオークション"という特別な方式が採用されている場合があるということです．クローズドオークションとは、他の入札者がいくらの金額で入札したのかがわからないようになっているオークションのことを言い、自分が入札した時点では自分が落札できるかどうかということがまったくわかりません．オークションが終了

した後で，初めて自分が落札できたかどうかが判明する仕組みになっているのです．もちろん，入札に参加した誰もが，高い金額で落札したいとは思っていないわけですから，この瞬間に，高く落札してしまった人，安く落札できた人，惜しくも落札できなかった人……という具合に，悲喜こもごもの風景が繰り広げられることになります．

　R社のオークションでは，圧倒的に，このクローズドオークションの人気が高いようです．ショップ側も心得たもので，このクローズドオークションには力を入れてきますので，例えば，50インチのプラズマテレビなどの高額商品が出品されることも少なくありません．このような商品が出品されたときは，あっという間に1,000件以上の入札がなされる場合があります．ネットショッピングの達人は，ここで舞い上がってはいけません．必ず，メーカー希望小売価格の30%前後の価格で入札するということです（オープン価格の場合の対策は，前に書いています）．そのときに，何が何でも是非，落札したいという商品であるならば別ですが……．

　人気になったオークションは，再度，開催されるのが常であり，そのときの落札価格は，1回目のときよりも安くなることが一般的ですので，無理な入札は，止めておくのが無難です．

50. 安く落札したいならY社のオークションを狙え

　Y社，R社のオークションに出品されている商品の落札価格を比べると，R社よりもY社のオークションの方が安く落札される傾向にあります．

　それがなぜなのかはよくわかりませんが，個人的には，Y社のオークションが始まったときに，ネット詐欺まがいのユーザーが多数いたために，オークションが混乱したという時期があり，このときに植えつけられた"よくないイメージ"が災いして，入札価格が上がってこないということが大きな要因ではないかと思っています．

　しかし，現在では，Y社のオークションで詐欺にあったとか，大きなトラブルに巻き込まれたという話はほとんど聞きません．したがって，現在は，安心して利用することができるのではないかと思います．

　もう1つの要因は，ショップにとって，R社のオークションサイトよりも，出品の際のハードルが低いということが挙げられるのではないかと思います．R社のショッピングモールで，オークションに出品しようとするならば，まず，ショッピングモールにショップを開かなければならず，さらに，開店までの手続きが非常に煩雑で，やっと開店にこぎつけたとしても，ショップの維持費がかなり高額であるのに対し，Y社のオークションは，誰もがいつでも参加す

ることができるという簡便さがあります．簡便だということは，必ずしもきちんとした身元の確かな出品者ばかりが商品を出品しているとは言えず，入札者に一抹の不安を与えてしまい，この利用者の中に潜む"不安"が，落札金額を低く抑えるようにさせているのではないかと勝手に想像しています．R社のオークションと比べて，若干，危険は高いですが，安さを追求するのであれば，Y社のオークションをおすすめします．

51．平日の昼間に終わるオークションを狙え

　一般的な仕事をしている多くの人たちは，普通，平日の昼間は仕事をしています．仕事をするということは，その人に与えられた1日24時間のうちの数時間を他人のための労働力として売却し，その対価として給料を得ているということになります．であるとするならば，仕事中にオークションやネットショッピングに現(うつつ)を抜かすなどということは言語道断，決して許されることではありません．

　つまり，何が言いたいのかというと，平日の昼間は，多くのネットオークションのユーザーは，オークションの入札に参加することができないのです．つまり，その商品を落札したいと思っていても，仕事中は，入札することすらできなくなりますので，必然的に競合する参加者が少なくなります．

　平日のオークションでは，時間を持て余している学生や

主婦が主な競合相手となりますし,落札に用意できる予算もそう多くはありません.よって,運がよければ,夜間に終わる同じ商品のオークションよりも10〜20%ほど,安い金額で落札できる可能性が高いと言えます.

52. 休日の深夜から早朝に終わるオークションを狙え

　平日の昼間のほかにも,安く落札することができる時間帯があります.それは,次の日に仕事がある,休日の最終日の深夜2時〜4時くらいに終わるように設定されているオークションです.

　多くの人たちは,平日の日中に仕事をしており,週末の金曜日の夜と土曜日に,それまでにたまった鬱憤を発散させようとします.ということは,日曜日の日中は,まさに文字通りの安息日になり,かつ,日曜日の深夜は,翌月曜日から始まる一週間のために,金曜日や土曜日よりも早く就寝しようとします.つまり,休日の最終日の深夜から早朝にかけては,ほかの日のほかの時間帯よりも,オークションの入札に参加する人の数が絶対的に少なくなります.

　オークションのヘビーユーザーならいざ知らず,普通の人は,一週間の初めの月曜日早々から遅刻するという危険を冒してまで,深夜のオークションに参加しようとはしません.もし,あなたが気合いの入ったオークションの達人だという自負があるのならば,この時間帯に終わるオーク

ションは，願ってもない狙い目となります．もしかすると，あなたの1日のバイト代やパート代程度の金額が浮くことになるかもしれません．

53．みんなが参加できる時間帯しか参加できない

多くの人が参加できる時間帯しか参加することができないのであれば，落札金額が少々高くなってしまうことは仕方のないことです．しかし，このような人のためにも裏技はいくつか用意されています．

1つは，"時間延長の設定"がなされていないオークションに参加するということです．"時間延長の設定"とは，Y社の例では，オークションが終了する5分前から，終了までの間に［現在の価格］が変動するような入札があった場合に，自動的に5分間オークションが延長される仕組みのことを言います．オークション終了間際の10分間は，その商品を欲しいと思っているすべての人が，そのオークションの成り行きを見ているわけですし，延長された5分間という何とも微妙な時間は，さらなる入札の誘因にしかなりません．このことは，他の入札者に負けたくないという反発心をオークション参加者に持たせることになってしまい，気がついたら高い金額が付いていたということが少なくありません．

このような不要な競合を避けるためには，"一発勝負"が最も適しています．つまり，"時間延長の設定"がなされて

いないオークションに狙いを定めておき,「この値段で落札できるのなら,ぜひ購入したい」という金額で,オークション終了3秒前に入札するのです.ポイントは,10秒前でも5秒前でもない3秒前に入札するということです.5秒前の入札でしたら,あなたよりもインターネットの環境が良い他の参加者が,あなたの入札を見て再入札するかもしれません.しかし,オークション終了3秒前であれば,そのようなことは決して起こりません.この裏技は,"時間延長の設定"がなされていないオークションのみに使うことができる裏技であり,"時間延長の設定"がなされているオークションには使えません.あなたの入札によって,オークションの終了時間が5分間延長になるだけのことですし,他の入札者が応札してくる可能性が否定できないからです.ちなみに,わたしは,この"3秒前入札"の方法を使って,たくさんのおいしい落札をさせていただいておりました.

54. 安く落札するなら○社のサイトはいつでも狙い目

　今からわずか数年前のことですが,ネットショッピングやネットオークションが注目を集め,さまざまな会社がネットショッピングサイトを競うように開店させた時期がありました.

　それから,わずか数年を経過したにすぎないのですが,現在では,淘汰が進み,R社のネットショッピングモール,

Y社のネットオークションぐらいしか，多くのユーザーを集めることのできるネットショッピングサイトはなくなってしまいました．したがって，ここまで述べてきたことも，必然的にこれらのサイトを活用する場合のことに焦点が合わせられてきました．

　ところが，普通に販売されている商品のみならず，たとえオークションであったとしても，明らかにR社やY社のネットショッピングよりも安く販売されているにもかかわらず，売れないショッピングサイトがあるのです．出店しているショップの数が少ないことと，出品されている商品数が少ないことが玉に傷なのですが（裏を返せば，売れないから出店も少ない），日本で最もお買い得なネットショッピングサイトかもしれません．お目当ての商品をR社やY社のショッピングサイトやオークションサイトで探す前に，○社のネットショッピングサイトをのぞいてみるのも1つの方法です（○社の○の中は，ご自身でお考えください）．

55. ネットショップにもバーゲンがある

　デパートや家電量販店には，季節の変わり目や，人が大きく動く時期，決算の直前など，それまで在庫していた商品をできるだけ売ってしまいたいというときに，バーゲンが行われます．ユーザーは，このバーゲン時期になると，財布の紐が緩みがちになるのですが，バーゲンは，実店舗

に限ったイベントではなく，実は，ネットショップにもあることをご存知でしたでしょうか．

　ネットショップは，普段のときでさえ，実店舗を持つショップと比べて10〜20％程度，販売価格が安く設定されているのですが，バーゲンの時期になると，この価格をさらに下回った販売価格が設定されるのが常です．極端なケースですが，定価の90％引きなんていうことが起こってしまうのもよくあることです．こんなお買い得なネットショッピングを放置しておく手はありません．ネットショップのバーゲンを効率よく利用しましょう．

56. ネットショッピングにもプレバーゲンがある

　実店舗を持つデパートや専門店では，リピーター向けに，"お得意様向け"と称して，通常のバーゲン時期よりも何日か早くバーゲンをスタートさせる場合が少なくありません．

　このような戦略は，リピーターに他のユーザーよりも早くお得な情報を知らせることによって，「あなたは，一般のお客様と違って，"特別な"お客様なのですよ」とアピールし，何回も訪れてくれるユーザーに優越感を持たせ，リピーターを確保するという，至極一般的な方法なのですが，どういうわけか，日本人は，この"優越感"に非常に敏感な民族らしく，喜びを覚える人は数多くあれども，このような扱いをされたことに嫌悪感を抱く人はまずいないので

はないでしょうか．

しかし，全国にユーザーを抱えるネットショップでは，デパートのような手厚いユーザーフォローができません．したがって，ユーザーフォローの方法も限られてくるのですが，もっともよく使われる方法が，"バーゲンの前のバーゲン"なのです．その場合，一般のユーザーとリピーターを区別するために，一般のユーザーが商品ページにアクセスできないように，さまざまなアクセス制限をかける場合があります．それは，例えば，あらかじめ決められたパスワードやキーワードを入力しないとそのページにアクセスできないといった制限です．

このパスワードやキーワードは，大抵の場合，リピーターとして登録されたユーザーのみにメールによって知らされます．そのためには，お気に入りのショップのメールマガジンの配信登録をしなければならないのです．少し煩雑ですが，"宝の山"の情報が勝手にやってくると思えば，メール配信の登録手続き程度の手間は惜しまないようにしましょう．

57．メールマガジンを購読する

ネットショップのお得情報は，どのようにすればいち早く知ることができるのでしょうか．ネットショップには，新聞といっしょに配達されてくるチラシがありません．で

すから，多くの人にお買い得な情報を知らしめる手段がないのではないかと心配されるかもしれませんが，心配はいりません．ネットショップのお買い得情報は，メールでやってきます．

例えば，R社が配信するメールマガジンは，ユーザーのニーズによって数十もの種類がありますし，ショップが独自に配信しているメールマガジンは，ショップの数だけあります．お気に入りのショップをチェックしておき，ショップのページ上から，メールマガジンの配信を登録しておくと，あなたのメールアドレス宛にメールマガジンが配信されるようになります．

ネットショッピングの達人は，このメールマガジンからいち早くお買い得情報を得ているのです．お買い得な情報を求めて，たくさんのお気に入りのショップを毎日にようにチェックして回るのは非常に大変なことですが，お買い得情報を満載したメールマガジンが勝手にやってくるのであれば，これほど便利なことはありません．

58. ネットショップのプレゼント企画は要チェック

ネットショップにとって，できるだけ多くのユーザーのメールアドレスを獲得することは，ショップの繁盛に直接繋がりますので，常にメールアドレスの獲得を模索しています．なぜなら，ユーザー自身で配信を依頼したにもかか

わらず，配信されたメールマガジンを"迷惑メール"として配信拒否をするユーザーが非常に多く，メールアドレスの新規獲得，すなわち新規ユーザーの獲得を熱心に進めない限り，そのショップの保有しているメールアドレスは，どんどん減り続け，売り上げに大きな影響が出てきます．

　このような事態を避けるために，ショップは，常にメールアドレスの獲得に心を砕いています．そこで，多くのメールアドレスを獲得するための手っ取り早い手段として"プレゼント"企画を開催することになります．プレゼント企画では，プレゼント商品にもよりますが，多いときには3万通ものメールアドレスを獲得することができます．3万通もの新規に獲得したメールアドレスは，ショップにとっては，宝の山みたいなもので，この中から何人かでも，ショップのファンになってもらえればこれに越したことはありません．

　ですから，メールアドレスの獲得に熱心なショップは，ユーザーの目を引くような商品を常にプレゼント商品とする傾向にあります．元気がよくて活気に溢れているショップは，多くのファンユーザーを抱えており，ファンユーザーは，多くの商品を購入してくれますので，さらに，魅力的なプレゼント商品が出品されるという好循環を生みます．

　このような元気なショップを見分ける方法がプレゼント商品のチェックなのです．もちろん，プレゼントに当選することも喜びを増大させる要因にはなるのですが，人気

ショップのプレゼント企画は，応募者も非常に多いので，期待はしない方が賢明でしょう．

59．人気のTVショッピング商品はネットショップで買え

　数年前にテレビショッピングで人気を博したEMSトレーニングマシーン"アブトロニック"という商品があったのをご記憶でしょうか．この商品は，テレビショッピングから人気になり，その後，1年ほどの間，常に品切れになるほどの大人気を博した商品でした．テレビショッピングで販売されていた金額も，結構高くて，1万円以上だったように記憶しています．

　ところが，この"アブトロニック"，あっという間にテレビショッピングから姿を消ししてしまいました．その後，ネットショッピングで継続して大人気だったことを知る人はそんなに多くないはずです．

　普通，どのような商品でも，例外なく，時間の経過と共に売れなくなってきますので，当然，販売価格が下落します．テレビショッピングの人気商品は，人気を保ったままテレビショッピングから姿を消しますので，価格が下落しないうちに，つまり商品価値が下がらないうちに，ネットショッピング市場に商品を引き継ぐわけです．

　ネットショッピング市場に引き継がれた商品は，その後，ネットショップ同士の激烈な価格競争に巻き込まれ，あっ

という間に価格が下がり始めます．こうして，テレビショッピングで人気だった商品は，やがて発売当初の10分の1程度の価格まで下落し，そこで在庫が尽き，その商品は市場からなくなるという経過をたどります．

　喉から手が出そうになるほど欲しい商品がテレビショッピングで売られているとき，そこは，ぐっとこらえて，ネットショッピング市場に出てくるまで，少しの間だけ待ちましょう．たとえ，テレビショッピングで大人気だった商品でも，ネットショッピングの世界で価格を保ち続けることは，ほぼ不可能です．じっくりと，価格が下がり切るのを待ちましょう．

60. ネットショップで買えないものはない

　ディスカウントショップに行ったことはありますでしょうか．

　100円ショップに行ったことはありますでしょうか．

　ドラッグストアに行ったことはありますでしょうか．

　これらのショップに行ってみて驚くのは，品揃えの豊富さであり，その価格の安さではないでしょうか．今までは，あり得ないような安い価格で商品が売られていることに感動すら覚えることがあります．いったい，この感動はどこから来るのでしょうか，ということを考えてみました．すると，「いままでの常識では，ありえないことが起きてし

まったこと」にあまりの衝撃を受けてしまったことに由来するということに気がつきました．今までの経験の中で，あり得なかったことが現実として起こってしまったときに，人間は大きなショックを受けるようにできているようなのです．

　そこで，提案です．あなたが欲しいと思っている"もの"，あるいは，欲しいなあと思っている"もの"をネットショッピングサイトで検索してみてください．"旅行"，"本"，"DVD"，"自動車"，"結婚相手"，"仕事"，"保険"，"お墓"……．おそらく，あなたが欲しいと思っているほとんどすべてのものが，ネットショッピングのサイトから探し出すことができるのではないでしょうか．しかも，近所のお店の価格よりもずっと安く，です．「こんなものは，ネットショップでは売っていないだろう」と思う前に，ネットショッピングモールで検索してみてください．もしかすると，あっと思うような驚きの発見があるかもしれませんよ．

61．価格交渉をしよう

　「ネットショッピングのユーザーは価格交渉してはいけない」という法則はどこにもありません．古きよき昭和の時代には，八百屋さんや肉屋さんの店先で，普通に価格交渉が行われていましたし，そのことをとがめようとする人もおりませんでした．昭和の時代には，お店のご主人とお

客が，そんなやりとりを楽しみながらやっていたという風情さえありました．

ところが，いつの頃からか，どういうわけか，値引き交渉が恥ずかしいことのように認識されるようになり，昨今ではタブー視さえされるようになってきたように思われ，実に味気ない世の中になってきたように感じられます．ところが，ネットショッピングの世界では，価格交渉が当たり前に行われていることをご存知でしたでしょうか．わたしが，ネットショップを開いていたときには，「送料を無料にしてもらえませんか」とか，「消費税込みにしてもらえませんか」といった価格交渉が日常茶飯に行われていました．

ネットショップでは，買い物をしてくれたユーザーとの接点がほとんどないために，ショップの人は，ユーザーとの接触をことのほか好む傾向にあるように思います．ですから，特にリピーターなどになって名前を覚えてもらったりすると，このような交渉がスムーズに進む可能性が非常に高くなるのです．ネットショッピングの達人は，価格交渉の労を惜しんではいけません．

62. 転売で大もうけの超裏技

すでに何回か指摘しているかと思いますが，ネットショッピングで販売されている商品の中には，近所のお店ではあり得ないほどの格安価格で販売されている場合があ

ります．

　その理由は，前に書いたとおりですが，ネットショッピングの達人は，絶対にこの安値を見逃してはいけません．実は，ネットショッピングで販売されている価格よりも，近所の質屋さんの買い取り価格の方が高いことがかなりの割合であるのです．

　この傾向は，特に家電製品やAV製品で顕著であり，場合によっては，1台当たり1万円以上の販売益が出る場合も結構あります．数年前のことになりますが，わたしは，ある有名メーカーのデジタルビデオデッキ（メーカー希望小売価格14万8,000円）を1台当たり1万4,800円で仕入れ，1台当たり4万2,000円で質屋に買い取ってもらい，かなりの販売益を出したことがあります．結局，このときは，300台くらいをさまざまな方法で販売したのですが，かなり大きな臨時収入となりました．しかし，注意が必要なのは，この方法は，時間との戦いになるということです．他のショップも，利益の出そうな商品を血眼になっていつも探していますので，安い商品には，あっという間に他のショップも群がり，あっという間に価格が下落してしまいます．ですから，「これは安い！」という商品を見つけたら，まず質屋に買い取り価格を聞いたうえで，利益が出るようなときは，できるだけ敏速に購入し，買い取り価格が下がらないうちに，質屋に買い取ってもらいましょう．この方法は，スピード勝負ですし，リスクも非常に高い裏技ですが，試してみる価

値はあるのではないでしょうか．

63．お買い得商品は夜中に売り出される

　ネットショップは，新しい商品が入荷すると，まずホームページ上に商品を陳列し，その後でメールマガジンの配信を行います．そして，最終的にユーザーの手元にメールマガジンが届くわけですが，普通，ネットショップの陳列商品の更新は，利用者の少ない夜中に行われることが多くあります．つまり，新たに入荷したお買い得な商品を購入しようと思うならば，夜中の2時過ぎくらいにショップをのぞいてみましょう．新しく陳列されたばかりの新入荷商品が陳列されてはいないでしょうか．

　これらの商品は，まだメールマガジンでも紹介されていない入荷したての商品ですので，ほとんどのユーザーは，入荷の事実を知りません．これらの商品の中には，「これは，絶対にお買い得！」という商品がゴロゴロ転がっている場合が少なくありません．夜中に眠い目を擦りながら，起きていなくてはならないということは問題かもしれませんが，大きな得を得ようと思うならば，これぐらいのチャレンジをしてみるのも一計ではないかと思います．

64. プレミアム商品をネットで探そう

　ネットオークションには，さまざまなものが出品されます．その中に，数は少ないですが，プレミアムの付く貴重なものが，"プレミアムが付くようなものだと思わない出品者"によって出品されることがたまにあります．つまり，コレクターズショップに買い取ってもらったら，数万円から数十万円で買い取ってもらえるようなものが，その価値を知らない出品者によって出品されていることがあるのです．

　ネットオークションでは，実物を見ることができないので，入札には慎重にならなくてはいけないのですが，こういったものを運よく落札することができ，運よく転売することができれば，あなたの手元には，ちょっとした小金が残るのではないでしょうか．もちろん，このようなことを考えている人は世の中にはたくさんおり，また，コレクターズショップ自身もこのようなところで商品を探していたりしますので，落札するには競合になることが多いのですが，すでに，買い取ってくれるショップなどが決まっているときは，積極的に入札に参加してみましょう．ただし，リスクは大きいので，"失敗してもともと"ぐらいの覚悟を持ったうえで参加してみてください．

65. 探しものを探してもらうサイトがあるのを知っていますか

「買い取ってもらう質屋やコレクターズショップなんて近所にないぞ」という人のために，超低リスクな小金稼ぎの方法を伝授しましょう．

サイト名はお伝えできないのですが，ユーザーが是が非でも欲しいものの情報をネットに公開し，全国のユーザーに探してもらうというサイトがあります．このサイトには，結構，高い買取価格が提示されています．ある古本などは，「5万円で買い取ります」と掲載されていました．このような超高額な買い取り価格が掲載されていることは，あまりないのですが，3万円程度の買い取り価格が提示されている場合は結構あります．そのほとんどが，何十年も前に，しかもわずかに出版された専門書であったり，同人誌であったり，写真集であったりします．

ここまでの記述で，お気づきかと思いますが，高値で買い取り価格が提示されているのは，ほとんどが"古本"なのです．近所の古書店では，高値で転売できるような古本を探すことは，ほぼ不可能ですが，ネットを熟知している方なら，容易に30万円程度の月収になることは間違いありません．パートやアルバイトで数万円の月収を得るよりもはるかに効率のよいお金の稼ぎ方だとは思いませんか．

66. 古本で稼いだ実例の紹介

　この，ユーザーが是が非でも欲しいものの情報をネット上に公開し，全国の利用者に探してもらうためのサイトで転売し，予想を上回る利益がでたという実例を少しだけ紹介します．

(1)「昭和30年代に数百冊だけ印刷された沖縄古武術の入門書を探してください」

　……ある古本サイトで，5,000円で購入し，3万円で転売しました．探されていた方は，何年も探していたとのことで，たいへん喜ばれました．

(2)「○田裕○が，まだ売れていない頃にモデルとして登場していたニット本を探してください」

　……オークションで，8,000円で購入し，2万円で転売しました．商品の状態が非常によく，新品同様であったことも手伝い，探されていた方からは，たいへん感謝されました．このニット本は，同様の方法で，最終的に10冊も売れました．

(3)「コンサート会場限定で，昭和50年代に販売された○○○の写真集を探してください」

　……オークションで，3万円で購入し，5万円で転売しました．この写真集も状態が非常によく，新品同様であったことから，探されていた方からは，たいへん感謝されまし

た．この写真集は，同様の方法で，最終的に15冊くらい売れました．

(4)「劇団○○の昭和○年○月の名古屋公演のときのパンフレットを探してください」

……オークションで，2,000円で購入し，1万円で転売しました．このパンフレットも状態が非常によく，新品同様であったことから，探されていた方からは，たいへん感謝されました．

(5)「浜○あ○○」のアイドル時代の写真集を探してください」

……ほとんど誰も知らない，あの超有名な歌姫のアイドル時代の写真集なのですが，オークションで，5,000円で購入し，2万円で転売しました．探されていた方からは，たいへん感謝されました．

これらの事例は，多くの成功例の中のほんの一部でしかありません．インターネット上には，まだまだ，このような宝の山が眠っています．

67．古本はネットで探す

古本を探すには，近所の古書店で探す方法が一般的です．東京周辺に住んでいる人は，神田の古本街に出かけるという方法もあるでしょう．しかし，そうではない場合，近所の古書店には，非常に限られた数の古本しかありませんし，

「探してください」とリクエストを行ったとしても，「まず探すことは不可能です」と断られてしまうことでしょう．また，神田の古本街に足を運んだとしても，多くの古書店の中の，それも膨大な数の古書の中から，あなたが探そうとしている本を容易に探し出すことは，ほぼ不可能で，徒労に終わってしまう可能性も否定できません．

　そんな人は，"日本の古○○"という古書を専門に扱っているサイトを利用されることをおすすめします．古書を探している方の情報を掲載してあるサイトを開き，一方で，"日本の古○○"のサイトを開きさえすれば，ネット上で欲しいものを探している日本全国の人々の情報を即座に"日本の古○○"のサイトで探すことができるのです．

　1日に，わずか数冊の取引を完成させることができるならば，あっという間に月数十万円の収入を得ることができます．このようなニッチなアルバイトを真剣に行っている人を，わたしは知りません．もしかすると，あなたがパイオニアになるかもしれません．

第 5 章

いよいよあなたもネットショッピングの達人

68. ネットショッピングはもう古い

　ここまで読まれた方の中には，自分でネットショップを開いてみようという意欲を持たれた方もおられるかと思いますが，ネットショッピングは，すでに"成熟産業"になってしまいました．決して簡単ではないノウハウも必要ですし，資金も必要です．投資した資金が無に帰してもかまわないという心構えができていないのであれば，ネットショップの開業は控えるのが賢明です．心意気だけではネットショップでの成功はあり得ません．今さら"ネットショッピングに参入する"ことを考えてはいけません．間違いなく失敗します．別の方法で利益を上げることを考えましょう．ネットショッピングはもう普通のことです．つまり，もう"古い"のです．

69. ネットオークションでは儲からない

　ネットオークションには，たくさんのショップが出店しています．しかし，産直品を扱っているなどの，少数の

ショップを除くと，残念ながらほとんどのショップでは，利益が出ていないのが実情でしょう．なぜなら，わたしの知っているどの問屋が小売店に卸すときの卸価格よりもネットオークションに出品されている商品の落札価格の方が安いからです．

　つまり，ショップがオークションに出品している商品は，ほとんどが在庫処分のための商品であるということです．したがって，オークションで落札される価格よりも安い金額でその商品を入手するということは，ほとんど不可能であり，よって，オークションで商品を販売して，利益を出すということは，ほとんど不可能です．

　前にも書きましたが，オークションで購入した商品を質屋や，他のショッピングサイトで転売しようと考えるのであればまだしも，問屋から仕入れた商品をネットオークションで販売し，利益を出そうなどということを決して考えてはいけません．間違いなく失敗するでしょう．

70．ネットショップを開くには最低1,000万円の自己資金

　前に，「今さら"ネットショッピングに参入する"ことを考えてはいけません」と書きました．しかし，どうしてもショップを開きたいという人のために，少しだけアドバイスを書きます．ネットショップを開店したいのならば，1,000万円程度の手元資金が必要です．さらに，きちんとし

た仕入れルートが確保されていること，あるいは，自分の考えたサービスや作成した作品に過信ではない自信があること，が最低限の条件でしょう．

　R社のネットショッピングモールは，ショップを持つだけでも，最低月3万円の出店料がかかってしまいます．また，ショップを開くことができたとしても，ショップに商品を並べて置いただけでは，ユーザーはやって来てくれないので，ユーザーのメールアドレスを獲得するためのさまざまな企画（例えばショッピングモールのトップページに広告を出すとか，プレゼント企画を行うなど）を行わなければなりません．

　これらの企画に参加するためには，当然，無料というわけにはいかず，最低でも数万円の費用がかかることになります．ネットショップでの成功には，このような地道な集客活動にどれだけの資金を投入することができるかにかかっていると言っても過言ではありません．このようなユーザー集めに投資することができる資金が確保できるのであれば，ネットショップを開店させることもできなくはありません．ただし，ネットショップ事業は，失敗する可能性が非常に高いことを忠告します．投資した金額が無に帰する確率が高いことを肝に銘じてチャレンジしてください．

71. ネットショップはやがて淘汰される

　現在，R社のネットショッピングモールやY社のネットオークションサイトには，非常に多くのネットショップが出店しています．これらのサイトを眺めていると，たいへん活気があって，商品が売れに売れているように思われるかもしれません．

　商品が売れているのは事実ですが，ネットショッピングサイト単体で利益を上げているショップはほとんどありません．ネットショッピングサイトで利益を上げることがいかに難しいかについては，すでに書いてきたとおりですが，気になるのは，出店している会社のネットショッピングサイトの"目的"に変化が見られることです．

　多くのネットショッピングのショップは，ネットショップ自体で利益を上げることが難しいことに気がつき始めています．したがって，ネットショップ自体に見切りをつけた会社は，すでに撤退をしたか，撤退を検討しているはずです．一方で，ネットショップの販売能力にすでに見切りをつけ，実際の店舗の宣伝の道具として利用する傾向が強まっています．

　つまり，ネットショップでの商品の販売能力には期待しないが，ネットショッピングモールに出店することによる宣伝効果に期待するという使い方です．ネットショップを

このように使うことができる（つまり，宣伝の手段として）会社は，資金的に余裕のある比較的大きな経営母体を持つ会社である必要があります．資力のない一般のショップが，これらの大きな会社の後ろ盾を持つネットショップに勝つことができると思いますか．経営体力の差が大きなポイントになり，経営体力のない小さなショップが淘汰されていく時代がすでにやって来ています．

72. すでにあなたはネットショッピングの達人です

　ここまで，わたくしが経営していたネットショップ運営の経験に基づいて，あなたがネットショップの達人になるための情報を余すところなく書いてきました．最初に，ネットショップの賢い利用の仕方を書きました．次に，個別の商品を例に挙げながら，ネットショップで，どの商品をどの時期に，どういう購入の仕方をすれば，得な買い物ができるのかということについて書きました．そして，最後に，この本を読んで，ネットショップの運営に興味を持たれるかもしれない人のために，運営の難しさについて若干の例を挙げながら，ご忠告をさせていただきました．

　ここまで，完璧に読破していただけていれば，あなたはすでに「ネットショッピングの達人」です．今まで，ネットショッピングに触れたことのなかった人にとっても，ビギナークラスの人にとっても，セミプロの人にとっても，

もしかすると，すでにネットショッピングの達人の域に入っている人にとっても，結構，役に立つ情報ではなかったかなあと思っております．

　それでは，最後に，今後の読者のみなさんが「快適なネットショッピングライフ」を送られることをお祈りしながら，筆を置くことにします．

<用語の説明>
1) 消費生活センター
(http://www.kokusen.go.jp/map/index.htmlhttp://www.kokusen.go.jp/map/index.html)

地方公共団体が設置している行政機関で，消費者の生活に関する情報提供，苦情相談などを行っている．

2) クーリングオフ

消費者が，一定期間無条件で購入の申し込み，または，契約自体を解除することができる法制度．一般的な無店舗販売を規定する「特定商取引に関する法律」や「割賦販売法」のほか，個別商品・販売方法・契約の種類等ごとに「特定商品等の預託等取引契約に関する法律」，「宅地建物取引業法」，「ゴルフ場等に係る会員契約の適正化に関する法律」，「有価証券に係る投資顧問業の規制等に関する法律」，「保険業法」等で規定されている．ネットショッピングは，通信販売のひとつの形態であり，クーリングオフ制度の対象外である．

※「特定商取引に関する法律」……「特定商取引（訪問販売，通信販売及び電話勧誘販売に係る取引，連鎖販売取引，特定継続的役務提供に係る取引並びに業務提供誘引販売取引をいう）を公正にし，及び購入者等が受けることのある損害の防止を図ることにより，購入者等の利益を保護し，あわせて商品等の流通及び役務の提供を適正かつ円滑にし，もつて国民経済の健全な発展に寄与することを目的とする」（第1条）法律である．

※「割賦販売法」……「割賦販売等に係る取引を公正にし，その健全な発達を図ることにより，購入者等の利益を保護し，あわせて商品等の流通及び役務の提供を円滑にし，もつて国民経済の発展に寄与することを目的とする」（1条）法律である．

3) スペック

機械などの構造や性能を表示した仕様書．

4) 並行輸入品

日本国内の総代理店（「正規代理店」という場合もある）が輸入している商品を，別の業者が第三国にある同じ製造元の代理店から輸入した製品のこと．並行輸入品で，故障などのトラブルが発生した場合，日本国内の総

代理店では修理などの対応を拒否されることが多いので注意が必要である．

5) オープン価格

販売する商品に対してメーカー側が希望小売価格を具体的に定めていないもの．1980年代から，大型家電量販チェーン店によって，メーカー希望小売価格に対して「○%引き」とかといった売価の表現が常態化し，実際は，安くはないのに，安く見せかける販売方法が横行したため，公正取引委員会によって「15%以上の値引きが市場の2/3以上で，20%以上の値引きが市場の1/2以上で行われている場合は二重価格」という基準が設けられた．

6) 希望小売価格

商品を製造するメーカーや輸入する代理店などの小売業者以外の者が，自己の供給する商品について設定した参考小売価格．元々は「定価」と言われていた．

7) OEM (Original Equipment Manufacturing)

他社ブランドの製品を製造すること．OEMには3つのメリットがあると言われる．

1. 市場が形成されるときに，製造技術やラインを持たない企業にとって，自社製造を開始するまでの期間OEM供給を受ける事で，他社との市場投入の差を埋めることができる．

2. 市場が成長期を迎えた時期に，段階自社生産が追いつかない時に他社に委託するケース．

3. 市場が衰退する時期に，自社生産から撤退し低コストで市場への製品供給が可能となる．

中小企業など営業力の弱い企業においては，OEM先の営業力を活用できるメリットもある．例えば，プラズマディスプレイパネル（PDP）を例にとると，日立製作所，松下電器，パイオニアがソニーなど他メーカーへOEM供給を行っている．液晶パネルは，主にシャープやサムスン電子が他メーカーにOEM供給を行っている．デジタルカメラは，ブランドとしてのシェアはキヤノン，ソニー，松下電器産業などが強いが，製造数をみた場合には，大手カメラメーカー数社のOEM生産を請け負っている三洋電機が実質的にはトップである．

(8) 産地直送

「産地直結」,「産地直売」ともいう.生鮮食料品や特産品などを卸売市場などの通常の流通経路を介さずに生産者から消費者へ直接供給すること.

＜参考WEBサイト＞
アマゾン（http://www.amazon.co.jp/）
価格コム（http://www.kakaku.com/）
楽天市場（http://www.rakuten.co.jp/）
ヤフー（http://www.yahoo.co.jp/）

あとがき

　"情報"という言葉は，非常に便利らしく，多種多様なさまざまな場面において使われており，また，それぞれの場面において，実に意味の通る会話を成立させ，また，文章を成立させています．これは，わたしたちの日常生活において，"情報"という言葉が広大な領域を覆いつくしていることを意味します．言葉が多義的であればあるほど，その言葉の本質的な意味は曖昧になり，その言葉のプラスの側面のみ強調されていくことになるように思われます．"情報"を，そのような立場から捉えるならば，本書は，ネットショッピングという事例を通じて，"情報"という言葉の持つマイナスの側面に焦点が合わせられています．決して，得な"情報"を提供したものではないことをここに申し上げさせていただきます．現代は，人間にとって"情報"が矢にもなり，また，盾にもなる時代です．矢と盾を上手に使い分けて，ネットショッピングを楽しんでいただければ，著者としてこれほど喜ばしいことはありません．

*

　本書を出版するにあたっては，大学教育出版の佐藤守氏より全面的なバックアップをいただきました．佐藤氏からのサポートなしには，本書を出版させることはできませんでした．心より感謝と御礼を申し上げます．

最後に，連夜にわたる深夜までの執筆作業につきあってくれた妻と子供たちに感謝します．

　2006年1月吉日

菅原良

■著者紹介

菅原　良　（すがわら　りょう）

1965年，宮城県生まれ
東北大学大学院教育情報学教育部修了
現在：株式会社Priceless.ID代表取締役CEO
　　　東北学院大学非常勤講師

専門分野：教育工学・教育哲学・教育社会学

著書：『eラーニングの発展と企業内教育』大学教育出版，2005年

ネットショッピングと消費行動のパラダイム
―ネットショッピングの達人になるための72か条―

2006年3月25日　初版第1刷発行

- ■著　者――菅原　良
- ■発　行　者――佐藤　守
- ■発　行　所――株式会社 大学教育出版
　　　　　　〒700-0953　岡山市西市855-4
　　　　　　電話(086)244-1268代　FAX(086)246-0294
- ■印刷製本――モリモト印刷㈱
- ■装　　丁――原　美穂

© Ryo SUGAWARA 2006, Printed in Japan
検印省略　　落丁・乱丁本はお取り替えいたします。
無断で本書の一部または全部を複写・複製することは禁じられています。

ISBN4-88730-675-X